献给我的女儿 任一诺

The Total Time
on Test Transform Orders
and Stochastic Comparison of Order Statistics

# 实验总时间序
## 与次序统计量的随机比较

王雅实／著

中国政法大学出版社

2017 · 北京

**图书在版编目（CIP）数据**

实验总时间序与次序统计量的随机比较/王雅实著. —北京：中国政法大学
出版社，2017.7

ISBN 978-7-5620-7650-6

Ⅰ.①实…　Ⅱ.①王…　Ⅲ.①随机变量—研究　Ⅳ.①O211.5

中国版本图书馆CIP数据核字(2017)第188501号

| | |
|---|---|
| 书　名 | 实验总时间序与次序统计量的随机比较 |
| | Shiyanzongshijianxu Yu Cixutongjiliang De Suiji Bijiao |
| 出版者 | 中国政法大学出版社 |
| 地　址 | 北京市海淀区西土城路25号 |
| 邮　箱 | fadapress@163.com |
| 网　址 | http://www.cuplpress.com（网络实名：中国政法大学出版社） |
| 电　话 | 010-58908435(第一编辑部)　58908334(邮购部) |
| 承　印 | 固安华明印业有限公司 |
| 开　本 | 880mm×1230mm　1/32 |
| 印　张 | 5.875 |
| 字　数 | 118千字 |
| 版　次 | 2017年7月第1版 |
| 印　次 | 2017年7月第1次印刷 |
| 定　价 | 32.00元 |

# 前　言

　　通常来讲，比较两个随机变量（或者分布函数）最简单的方式就是比较它们的期望和方差。然而，我们发现仅仅对两个具体数值（期望和方差）进行比较是远远不够的。况且，这些特征量在某些情形下还是不存在的。在多数情形下，我们希望知道两个随机变量的更全面的比较信息，而不是仅仅两个具体数值的比较。随机序，考虑基础分布各种各样的信息，如生存函数、失效率函数、平均剩余寿命函数等，自然而然地产生并被研究。在过去的五十年中，随机序及其不等式的研究以递增的速率被应用于许多与概率统计相关的领域，包括可靠性理论、寿命检验、生存分析、运筹学、经济学、保险学、精算学、管理学等。实验总时间序是对非负随机变量引入的，它与著名的位置独立风险序和剩余财富序有着密切的关系。

　　在可靠的理论的研究中，$n$ 中取 $k$ 系统是一个非常流行的纠错系统，被广泛的应用于很多领域。所谓的 $n$ 中取 $k$ 系统，是指由 $n$ 个独立元件组成的系统正常运行必须要求系统中至少有 $k$ 个元件在正常工作，或者说至多有 $n-k+1$ 个元件失效。在这种系统中，若一个元件的失效并没有对剩余元件产生影响，那么该系统的寿命正好可以用基于元件寿命变量的第 $n-k+1$ 个（通常）次序统计量。然而，在实际中，一个元件的失效往往会以某种方式改变其他元件的剩余寿命，为使模型更加适用，Kamps（1995a）提出了序贯 $n$ 中取 $k$ 系统的概念，由此导出了序贯次序统计量。广义次序统计量是序贯次序统计量的一个子类，包含了概率统计中常用的一些用来描述变量有次序大小关系的随机模型，如通常次序统计量、记录值、样本容量非整值的次序统计量、k-记录值、Pfeifer 记录值、累进 II 型删失次序统计量、多维不完全修理次序统计量等。这为研究各种各样的有序随机变量模型建立了一种统一的看法。

　　本书致力于实验总时间序和其对偶序的研究，以及广义次序统计量在一维及多维随机序意义下的比较。书中研究的很多问题是很有趣的；有一些研究的问题有相当的难度，结果较为深刻；所采用的方法与文献中的方法有着本质的不同，获得了以前无法得到的结论，有很广的应用范围。例如，在实验总时间序的研究中，建立了一个重要的分离定理。利用这个分离定理，得到了一些非常好的结论。这个分离定理也被众多研究者借鉴并且发表了若干论文。在第三章冗余元件的热分备问题的研究中，也以一个新的视角解决了一些以前难以解决的问题。

　　本书的写作与出版得到中国国家自然科学基金的青年项目（项目号：11501575）的支持，在此表示感谢。

王雅实

2007 年 5 月　于中国政法大学

# 目 录

# 绪 论

## 一、问题的提出

随机比较理论在应用概率、统计、可靠性理论、精算科学等领域是一个重要分支，随机序在其中扮演着极其重要的角色。通俗来讲，随机序是现实生活中不确定因素的定量排序，它研究了存在于随机变量间的偏序关系。随机序在体现数字特征（期望、方差）间单纯的大小关系的同时，也为我们提供了更多刻画随机变量的信息，如生存函数、失效函数、似然函数、剩余寿命等。在 20 世纪 50 年代，为了推进对可靠性和寿命检验理论的研究，Lehmann（1955）首先介绍了随机序。在之后的 20 年间，随机序又应用于经济理论的研究中。到目前为止，随机序已经形成了比较完善的理论体系，作为一个行之有效的分析工具被广泛应用于其他与概率统计相关的领域中，如保险精算、排队论、传染病学等。

广义次序统计量是序贯次序统计量的一个子类，包含许多概率统计中常用的有序变量的模型，如通常次序统计量、记录值、k-记录值、Pfeifer 记录值、累进 II 型删失次序统计量、多维不完全修理次序统计量等。

本书致力于研究实验总时间序（ttt）序和其对偶序（dttt）的更深入的性质，以及来自一样本和两样本的广义次序统计量在一维和多维随机序意义下的比较问题。

## 二、问题的研究历程和现状

### （一）ttt 序的研究进展

ttt（实验总时间 Total Time on Test）序是一个重要的偏序。ttt 序是根据 ttt 变换和 ttt 变换随机变量 $X_{ttt}$ 定义的。ttt 变换由 Barlow et al.（1972）首次介绍，随后得到 Barlow & Doksum（1972），Barlow & Campo（1975）更深入的研究。Li & Shaked（2004）介绍了 ttt 变换随机变量 $X_{ttt}$，并得到了用它刻画一些寿命分布类和随机序。Kochar，Li & Shaked（2002）对非负随机变量定义了 ttt 序，并得到了一些性质，例如，与通常随机序和增凹序的关系，关于增凹函数和最小的封闭性质，等等。

### （二）广义次序统计量的研究进展

Kamps（1995a，b）提出了广义次序统计量的概念，他为研究各种各样的有序随机变量模型建立了一种统一的看法。许多常见的有序随机变量模型可以被看作它的特殊情形。在过去的十几年中，对广义次序统计量的相关研究已经取得了很大的进展。关于广义次序统计量的随机比较的研究，最早是从它的特殊情况—— 通常次序统计量开始的，主要研究独立同分布样本和独立不同分布样本所产生的通常次序统计量。对于独立同分布样本的研究工作开始得较早，理论较为完善，可以参见 Shaked & Shanthikumar（2007），Boland，Shaked & Shanthikumar（1998），Khaledi & Kochar（2000），Belzunce et al.（2001a）等；对于独立不同分布样本的研究工作可以参见 Boland，El-Neweihi & Proschan（1994），Block，Savits & Singh（1998），Ma（1998），Hu & He（2000），Hu，Zhu & Wei（2001），Nanda & Shaked（2001），Boland et al.（2002）和 Kowar（2003a）等。

由于通常次序统计量与广义次序统计量在一些结构性质上的相似性，因此，把通常次序统计量的某些性质类推到广义次序统计量上是很自然和有意义的。Belzunce，Ruiz & Ruiz（2003）给出了基于分布 $F$ 的通常次序统计量向量的 MIFR（多维失效率递增）和 $MPF_2$（多维 2 阶 Pólya 函数）的传递性，Belzunce，Mercader & Ruiz（2003）把该结果平行推广到了非齐次纯生过程前 $n$ 个事件发生时刻向量和广义次序统计量。Khaledi & Kochar（2005）利用广义次序统计量的随机表示把 Avérous，Genest & Kochar（2005）中关于通常次序统计量相依结构的一个结果推广到了广义次序统计量。Franco，Ruiz & Ruiz（2002）和 Belzunce，Mercader & Ruiz（2005）在这个方向上也做出了贡献。Franco et al.（2002）对广义次序统计量的参数做了严格的假定，考虑了广义次序统计量及其正则化间隔的随机比较。Belzunce et al.（2005）减弱了对参数的部分假定，给出了广义次序统计量一维和多维随机比较的一些结果。但是对于广义次序统计量的一般 $p$ 阶间隔，Belzunce et al.（2005）只是涉及了通常随机序意义下的一种比较。Khaledi（2005）对一样本和两样本广义次序统计量，在模型参数满足一种称之为 $<_p$ 序的关系时，建立了常见几种序的比较结果，但对模型的参数还有一定的限制。Korwar（2003b）建立了累进 II 型删失次序统计量的两个随机比较结果。

### 三、本书的主要结构

本书主要研究以下几个方面：

1. 第一章：对序 $\leq_{ttt}$ 重新定义，使其不再局限于比较非负随机变量，在发掘它与剩余财富序、位置独立风险序的内在联系后，也将其称为位置相依风险序，同时定义了序 $\leq_{ttt}$ 的对偶序 $\leq_{dttt}$，从而得到一些新的重要性质，尤其是在以前局限的定义下无法得到的结论。特别地，建立了一个重要的分离定理，根据均值递减的延展性质研究了它们的生成过程。最后得到了序 $\leq_{ttt}$ 关于卷积、最大和最小的封闭性的结论。同样，序 $\leq_{dttt}$ 作为其对偶，也有类似的结论。

2. 第二章：对广义次序统计量的特殊情形——通常次序统计量，我们分别在一维和多维情形下考虑了其随机比较问题。首先，对 $n$ 中取 $k$ 系统下冗余元件的热分配进行了讨论。将 Shaked & Shanthikumar（1992）的结论由串联系统扩展到 $n$ 中取 $k$ 系统。具体地，设 $\tau_{r|n}(\mathbf{k})$ 表示一个 $n$ 中取 $r$ 系统的寿命，这个系统的 $K$ 个冗余元件的热分配向量记为 $\mathbf{k}$，其中，系统元件与冗余元件的寿命是独立同分布的。我们证明了对任意的 $r \in \{1, \cdots, n\}$，

$$\mathbf{k} <_m \mathbf{k}' \Rightarrow \tau_{r|n}(\mathbf{k}') \leq_{st} \tau_{r|n}(\mathbf{k}).$$

设 $T_s(\mathbf{k})$ 表示分配冗余之后的系统的寿命，Singh & Singh（1997a）加强了 Shaked & Shanthikumar（1992）关于 $T_s(\mathbf{k})$ 的通常随机序意义下结论，拓展到失效率序。而我们考虑到反失效率函数对于描述系统失效行为的重要性，得到了在反向失效率序意义下，当 $n = 2$ 时，上式成立，同时给出反例说明当 $n > 2$ 时，并不成立。其次，我们给出了几个结果，涉及非齐次随机变量的次序统计量的多维随机比较。接下来，研究了条件 $n$ 中取 $k$ 系统的冷储备问题。若用随机变量 $T$ 表示该系统寿命，用随机变量 $T$ 表示冷备元件的寿命，可以看到 $Z$ 与 $X$ 是相互独立的，则

$$T = X_{n-k+1:n} + \min\{X_{n-k+2:n} - X_{n-k+1:n}, Z\}$$

其中 $k = 2, 3, \cdots, n$。Eryimaz（2012）研究了 $n$ 中取 $k$ 冷备系统的条件剩余寿命，分别在给定时刻 $t$，第 $n-k+1$ 小的元件或最小的元件仍在工作的条件下考虑了系统的条件剩余寿命 $T$，即 $[T - t \mid X_{n-k+1:n} > t]$ 和 $[T - t \mid X_{1:n} > t]$，并推导出了生存函数以及生存函数的期望。在 Eryimaz

（2012）工作的启发下，我们在更一般的条件下，即 $X_{j:n} > t$ 的情况下，研究 $n$ 中取 $k$ 冷备系统的条件剩余寿命 $[T - t \mid X_{j:n} > t]$，其中 $j = 1, 2, \ldots, n-k+1$。我们将会看到本节所得到的结果，不仅仅扩展了 Eryimaz（2012）的工作，而且完善了目前相关文献中的一些结论。最后，通过对条件次序统计量的深入研究，获得了其在多维似然比序意义下的随机比较关系，加强和推广了已有文献中的一维结论。而且，对于可靠性中重要的休止时间，给出了有趣的应用。

3. 第三章：我们分别研究来自同一样本和两个不同样本的广义次序统计量。对来自同一样本的情形，我们讨论了在参数 $m_1 = \cdots = m_{n-1} = m$ 时，广义次序统计量关于寿命分布类 DRHR 的封闭性。扩展了 Kamps（1995a）和 Cramer & Kamps（2001a）对广义次序统计量关于 IFR 和 DFR 的封闭性研究，且所采用的方法与 Kamps（1995a）中的方法有着本质的不同。最后，给出了对于类 IUPL 的有趣应用。而对来自两个不同样本的广义次序统计量考虑了 $\{X_{(r,n,\tilde{m},k)}, i = 1,2,\ldots,n\}$ 和 $\{Y_{(r,n,\tilde{m},k)}, i = 1,2,\ldots,n\}$ 当它们的参数 $m_i$ 各不相同时，在通常随机序和似然比序意义下的随机比较问题。具体地，设 $\{X_{(r,n,\tilde{m},k)}, i = 1,2,\ldots,n\}$ 和 $\{Y_{(r,n,\tilde{m},k)}, i = 1,2,\ldots,n\}$ 是分别基于绝对连续的分布函数 $F$ 和 $G$ 的广义次序统计量。若假设 A：$F \leq_{\mathrm{lr}} G, k \geq 1$ 且 $m_i \geq 0, i \in \{1,\ldots,n\}$；或者假设 B：$F \leq_{\mathrm{hr}} G, \lambda_G(x)/\lambda_F(x)$ 关于 $x$ 单调递增，$k > 0$ 且 $m_i \geq -1, i \in \{1,\ldots,n\}$ 成立，则

$$[X_{(s,n,\widetilde{m},k)} - y \mid X_{(r,n,\widetilde{m},k)} > y]$$
$$\leq_{\mathrm{lr}} [Y_{(s,n,\widetilde{m},k)} - y \mid Y_{(r,n,\widetilde{m},k)} > y]$$

其中，$1 \leq r \leq s \leq n, y \in \Re$. 若条件改为 $F \leq_{\mathrm{hr}} G$，那么结果将会由似然比序弱化为通常随机序。

4. 本书中主要定义和相关记号：

为了行文方便，在本书中我们做如下约定：

· "单调递增" 和 "单调递减" 分别表示 "非降" 和 "非增"；

· 当 $a > 0$ 时，$a/0$ 理解为 $+\infty$；

· 对任意 $x \in \Re, x_+ = \max\{x, 0\}$；

· 对任意集合 [事件] $A$，$1_A$ 表示 $A$ 的示性函数 [示性随机变量]；

· 文中所出现的积分和期望均假设存在有限；

· "$\overset{\mathrm{st}}{=}$" 表示同分布；

· 对任意分布函数为 $F$，$\overline{F} = 1 - F$ 表示它的生存函数，$F^{-1}$ 表示其右逆连续，即

$$F^{-1} = \sup\{x : F(x) \leq u\}, u \in [0, 1];$$

· $[X \mid A]$ 表示一个随机变量或向量，其分布与在给定事件 $A$ 条件之下 $X$ 的条件分布相同；

· 若随机变量 $X$ 和 $Y$ 的分布函数分别为 $F$ 和 $G$，记号 $X \leq Y$ 和 $F \leq G$ 不做严格区分，可根据情况互相代替；

· 本书中的所有随机变量都假设为连续的。

# 第一章
# 实验总时间序与对偶序

实验总时间序（$\leq_{ttt}$）是 Kochar, Li & Shaked（2002）对非负随机变量引入的，它与著名的位置独立风险序和剩余财富序有着密切的关系。本章中，我们取消了"非负随机变量"的限制，对序 $\leq_{ttt}$ 进行了改进。这种拓展有助于我们揭示通常 $\leq_{ttt}$ 序的性质，另外，我们介绍了一个新的偏序 $\leq_{dttt}$ 的概念，它可以被认为是序 $\leq_{ttt}$ 的对偶序。进一步地，我们研究了这两个偏序的一些重要的性质。特别地，在序 $\leq_{ttt}$［$\leq_{dttt}$］和剩余财富序［位置独立风险序］之间建立了一个重要的分离结果，且根据均值递减的右［左］延展性质，研究了序 $\leq_{ttt}$［$\leq_{dttt}$］的生成过程。最后给出了序 $\leq_{ttt}$ 和 $\leq_{dttt}$ 关于卷积、最小和最大的封闭性质。

## 一、引言

在统计、概率和很多其他的相关领域中，波动性是一个基本的概念。在文献中介绍了几种用以比较随机变量波动程度的随机序：位置独立风险序，剩余财富序和实验总时间序。有关的详细讨论，请参见 Shaked & Shanthikuar（2007），Müller & Stoyan（2002）和 Kochar，et al（2002）。

为了引入序 $\leq_{ttt}$ 的定义，我们介绍几种常见的用以比较随机变量波动程度的随机序。首先，回顾一下凸函数的定义：

**定义 1.1.1.** 设 $\phi : I \to \mathfrak{R}$，其中 $I \subseteq \mathfrak{R}$ 为一个凸区间，如果

$$f(\alpha x + (1-\alpha)y) \leq \alpha f(x) + (1-\alpha)f(y)$$

对任意 $x, y \in I$ 和任意的 $\alpha \in (0,1)$ 成立，则称 $\phi$ 是凸函数。如 $-\phi$ 是凸的，就称 $\phi$ 是凹函数。

由凸函数的定义，我们引入凸序的概念。

**定义 1.1.2.** （Shaked & Shanthikumar，2007）假设随机变量 $X$ 和 $Y$ 具有有限的均值，我们称

（1）$X$ 在凸 ［凹］ 序意义下小于 $Y$，记为 $X \leq_{cx}$ ［$\leq_{cv}$］ $Y$，若对任意实值凸 ［凹］ 函数 $h$，$\mathbb{E}[h(X)] \leq \mathbb{E}[h(Y)]$；

（2）$X$ 在单调增凸 ［凹］ 序意义下小于 $Y$，记为 $X \leq_{icx}$ ［$\leq_{icv}$］ $Y$，若对任意的实值单调递增凸 ［凹］ 函数 $h$，$\mathbb{E}[h(X)] \leq \mathbb{E}[h(Y)]$。

在不同的领域，随机序有不同的称谓。在精算科学中，增凸序$\leq_{icx}$也被称为停止损失序，并记作$\leq_{sl}$；在风险决策理论中，增凹序$\leq_{icv}$也被称为二阶随机控制，并记作$\leq_{SSD}$。以上几种序有如下的关系：

$$X \leq_{icx} Y \Leftrightarrow -Y \leq_{icv} -X;$$
$$X \leq_{cx} Y \Leftrightarrow X \leq_{icx} Y, \mathbb{E}X = \mathbb{E}Y.$$

下面我们介绍另外两种用以比较随机变量波动程度的随机序：位置独立风险序和剩余财富序。

位置独立风险序由 Jewitt（1989）首先引入，并给出了一些等价定义。

**定义 1.1.3.** （Jewitt，1989）设随机变量 $X$ 和 $Y$ 的分布函数分别为 $F$ 和 $G$，若

$$\int_{-\infty}^{F^{-1}(p)} \overline{F}(x)dx \leq \int_{-\infty}^{G^{-1}(p)} \overline{G}(x)dx \, , \, p \in (0,1)$$

则我们称 $X$ 在位置独立风险序意义下小于 $Y$，并记为 $X \leq_{lir} Y$。

Jewitt（1989）介绍了位置独立风险序，在风险分析中用以比较不同的风险资产。这一随机序的重要特点就是不要求被比较的两个随机变量具有相同的均值。这里，我们

可以给出位置独立风险序的一个等价定义，这需要借助经济学中著名的期望效用理论。

期望效用的概念最早在 18 世纪时 Bernoulli 就已经在他的研究工作中提到了。在经济学中，由冯·诺伊曼（von Neumann）和摩根斯特恩（Morgenstern）于 1947 年引入的模型描述了决策者如何在不确定的结果中做出选择，并对这一思想公理化形成所谓的期望效用理论。这一理论是说：假设人们拥有财富 $w$，决策者使用效用函数 $u(w)$ 去衡量财富，而不是用财富 $w$ 本身去衡量，尽管通常他们自己都没有意识到这一点。如果决策者必须在两个随机收益 $X$ 和 $Y$ 之间做出选择，那他会比较 $\mathbb{E}[u(X)]$ 和 $\mathbb{E}[u(Y)]$，并选择期望效用较大的那个随机收益。如果 $X$ 和 $Y$ 不是收益，而是两个随机损失，并假设初始财富为 $w$，那么决策者会比较 $\mathbb{E}[u(w-X)]$ 和 $\mathbb{E}[u(w-Y)]$，并选择期望效用较大的那个损失。关于效用函数 $u(x)$，我们一般并不能精确地决定一个人的效用函数，但可以给出它的一些合理的性质。例如，更多的财富通常意味着更高的效用水平，因此，$u(x)$ 应该是一个非减的函数；同时进行假设：在确定的收益与具有同样期望值的随机收益之间，理性的决策者偏好确定的收益（风险厌恶型）。他们的边际效用是递减的，即 $u''(x) \leq 0$，说明效用函数 $u(x)$ 为凹函数。基于效用函数，位置独立风险序的等价定义如下：

**定义** 1.1.4. （Jewitt，1989）设随机变量 $X$ 和 $Y$ 的分布函数分别为 $F$ 和 $G$，我们称 $X$ 在位置独立风险序意义下

小于 $Y$，记为 $X \leq_{\text{lir}} Y$ 或者 $F \leq_{\text{lir}} G$，如果

$$\mathbb{E}[u(X-c)] \geq \mathbb{E}[u(Y)] \Rightarrow \mathbb{E}[v(X-c)] \geq \mathbb{E}[v(Y)]$$

对任意效用函数 $u, v$ 成立，只要 $u, v$ 为单调递增凹函数，并且 $v$ 比 $u$ 更厌恶风险 [即存在单调递增的凹函数 $h$，使得 $v = h(u)$ 成立]。

Jewitt（1989）证明了

$$X \leq_{\text{lir}} Y \Leftrightarrow \int_{-\infty}^{F^{-1}(p)} F(x)dx \leq \int_{-\infty}^{G^{-1}(p)} G(x)dx, \forall p \in (0,1)$$

$$\Leftrightarrow \frac{1}{p}\int_0^p [G^{-1}(u) - F^{-1}(u)]du \text{ 关于 } p \in (0,1)$$

单调递增. $\qquad\qquad\qquad$ (1.1.1)

剩余财富序（$\leq_{\text{ew}}$）又称为右扩展序（$\leq_{\text{rs}}$），较早的研究可参见 Shaked & Shanthikumar (1998)，Fernández—Ponce，Kochar & Muñoz—Pérez (1998)。

**定义 1.1.5.**（Shaked & Shanthikumar 1998; Fernández - Ponce et al., 1998）设随机变量 $X$ 和 $Y$ 的分布函数分别为 $F$ 和 $G$，若

$$\int_{F^{-1}(p)}^{\infty} \overline{F}(x)dx \leq \int_{G^{-1}(p)}^{\infty} \overline{G}(x)dx, \forall p \in (0,1),$$

则我们称 $X$ 在剩余财富序意义下小于 $Y$，并记为 $X \leq_{ew} Y$，或者，$F \leq_{ew} G$。

由定义我们容易看出序 $\leq_{lir}$ 和 $\leq_{ew}$ 都是位置独立的，即

$$X \leq Y \Leftrightarrow X \leq Y + c, \ c \in \Re.$$

Belzunce（1999）获得了序 $\leq_{ew}$ 和 $\leq_{icx}$ 的关系：

$$X \leq_{ew} Y \Leftrightarrow (X - F^{-1}(p))_+ \leq_{icx} (Y - G^{-1}(p))_+,$$

其中 $x_+ = \max\{x, 0\}$，$\forall x \in \Re$。Fagiuoli, Pellerey & Shaked（1999）证明了

$$X \leq_{ew} Y \Leftrightarrow -X \leq_{lir} -Y.$$

因此，剩余财富序也称为对偶位置独立风险序。关于位置独立风险序 $\leq_{lir}$ 的性质都可以平行的推广到剩余财富序 $\leq_{ew}$，反之亦然。

由（1.1.1）可以证明

$$X \leq_{ew} Y \Leftrightarrow \frac{1}{1-p} \int_p^1 [G^{-1}(u) - F^{-1}(u)] du \ 关于 \ p \in (0,$$

1) 单调递增。 \hfill （1.1.2）

Scarsini（1994），Fagiuoli et al.（1999）给出了位置独立风险序在单调风险及保险理论中的一些直观解释。Landsberger & Meilijson（1994）研究了位置独立风险序的一个刻画。Kochar et al.（2002）研究了剩余财富序关于函数变换的封闭性。Hu，Chen & Yao（2006）解决了一直悬而未决的剩余财富序和位置独立风险序的卷积封闭性问题。关于序$\leq_{\mathrm{lir}}$和$\leq_{\mathrm{ew}}$的进一步的性质和应用，请参见Scarsini（1994），Kochar & Carrière（1997），Belzunce（1999），Fagiuoli et al.（1999），Chateauneuf，Cohen & Meilijson（2004），Hu，et al.（2006），Kochar，Li & Xu（2007），Sordo（2008a）等。

Kochar，et al.（2002）基于实验总时间（ttt）变换，对非负随机变量定义了实验总时间序（$\leq_{\mathrm{ttt}}$）。

**定义 1. 1. 6.**（Kochar et al.，2002）设非负随机变量 $X$ 和 $Y$ 的分布函数分别为 $F$ 和 $G$，若

$$\int_0^{F^{-1}(p)} \overline{F}(x)dx \leq \int_0^{G^{-1}(p)} \overline{G}(x)dx, \forall \, p \in (0,1),$$

则我们称 $X$ 在实验总时间序意义下小于 $Y$，并记为 $X \leq_{\mathrm{ttt}} Y$。

正如 Kochar et al.（2002）所指出的，序$\leq_{\mathrm{lir}}$和$\leq_{\mathrm{ew}}$是位置独立的，但序$\leq_{\mathrm{ttt}}$是位置相依的。也就是说，前两个

随机序用于比较随机变量之间的波动程度，而序$\leq_{ttt}$同时比较了位置和波动程度。而且我们观察到，对于序$\leq_{lir}$和$\leq_{ew}$而言，不需要假设随机变量是非负的，但对序$\leq_{ttt}$，非负的假设是必要的。Kochar et al.（2002）给出反例说明了在非负随机变量的假设下，序$\leq_{lir}$或$\leq_{ew}$都不蕴涵序$\leq_{ttt}$，同时也不能被序$\leq_{ttt}$蕴涵。

然而，定理1.2.2说明了，在序$\leq_{ttt}$的新的定义下，我们可以得到关于序$\leq_{ttt}$与（1.1.1），（1.1.2）类似的描述：

$$X \leq_{ttt} Y \Leftrightarrow \frac{1}{1-p}\int_0^p [G^{-1}(u) - F^{-1}(u)]du \text{ 关于 } p \in (0,$$

1）单调递增，　　　　　　　　　　　　　　　　　　　　　（1.1.3）

由（1.1.1），（1.1.2）和（1.1.3），可以看出序$\leq_{ttt}$与序$\leq_{lir}$，$\leq_{ew}$是有密切联系的，而且，也应该存在一个序$\leq_{ttt}$的对偶序。

本章研究的目的有三个方面：①我们重新定义序$\leq_{ttt}$，这个新的定义取消了以前定义中对随机变量的非负性的限制，扩展到了全体实数域。②鉴于（1.1.1），（1.1.2）和（1.1.3），我们引入一个新的偏序（$\leq_{dttt}$）。在定理1.2.3中揭示了

$$X \leq_{dttt} Y \Leftrightarrow \frac{1}{p}\int_p^1 [G^{-1}(u) - F^{-1}(u)]du \text{ 关于 } p \in (0,1)$$

单调递增。　　　　　　　　　　　　　　　　　　　　　　（1.1.4）

③由序$\leq_{\text{lir}}$，$\leq_{\text{ew}}$和$\leq_{\text{ttt}}$的相应的等价定义，我们发现实际上它是序$\leq_{\text{ttt}}$的对偶序。根据新的定义，我们发掘了这两个序的一些内在的性质，研究了与位置独立风险序和剩余财富序之间重要的关系，并给出了一些应用。

本章安排如下：序$\leq_{\text{ttt}}$和其对偶序$\leq_{\text{dttt}}$的定义及其基本性质将在第二节中给出。第三节将讨论序$\leq_{\text{ttt}}$，$\leq_{\text{dttt}}$和其他序之间的关系。在这节中，建立了一个关于序$\leq_{\text{ttt}}$［$\leq_{\text{dttt}}$］和序$\leq_{\text{ew}}$［$\leq_{\text{lir}}$］的重要的分离定理（定理 1.3.1$'$）。利用这个结果，在第四节，我们根据均值递减的右（左）延展性质得到了序$\leq_{\text{ttt}}$（$\leq_{\text{dttt}}$）的生成过程。第五节讨论了序$\leq_{\text{ttt}}$和$\leq_{\text{dttt}}$在卷积、最大和最小下的封闭性。最后，在附录中给出了本章主要定理 1.2.4 的证明。

本章中，所有随机变量都假设是连续的。

## 二、序$\leq_{\text{ttt}}$和它的对偶序的定义与基本性质

设随机变量 $Z$ 服从分布 $H$，均值 $\mathbb{E}Z < \infty$，定义下面两个函数：

$$\Gamma_Z(t) = \mathbb{E}Z - \int_t^\infty \overline{H}(z)dz,\ t \in \mathfrak{R}\ , \qquad (1.2.1)$$

和

$$T_Z(p) = \mathbb{E}Z - \int_{H^{-1}(p)}^\infty \overline{H}(w)dw,\ p \in (0,1)\ . \qquad (1.2.2)$$

有时，我们将 $\Gamma_Z(\cdot)$ 和 $T_Z(\cdot)$ 分别记做 $\Gamma_H(\cdot)$ 和 $T_H(\cdot)$。显然，它们之间具有这样的关系：

$$T_Z(p) = \Gamma_Z(H^{-1}(p)), \ p \in (0,1).$$

$Z$ 的积分生存函数 $\Psi_Z(t)$ 为

$$\Psi_Z(t) = \int_t^\infty \overline{H}(z)dz, \ t \in \Re. \qquad (1.2.3)$$

$\Gamma_Z(\cdot)$ 与 $\Psi_Z(t)$ 也有着密切的联系，（参见 Müller & Stoyan，2002，p. 19）。$\Psi_Z(\cdot)$ 就是精算科学中著名的停止损失变换 ［参见 Denuit et al.，(2005)，节 1.7］，这是因为

$$\Psi_Z(t) = \mathbb{E}(Z-t)_+ .$$

$\Gamma_Z(t)$ 和 $T_Z(p)$ 表示图 1-1 中的阴影区域的面积，注意到这些区域面积是可正可负的。当 $Z$ 是非负随机变量时，$T_Z(\cdot)$ 即为分布函数 $H$ 的实验总时间变换

$$T_Z(p) = \int_0^{H^{-1}(p)} \overline{H}(w)dw, \ p \in (0,1).$$

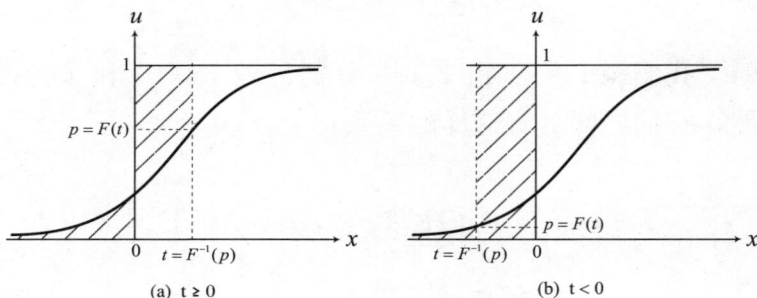

图 1-1　$\Gamma_X(t)$ 与 $T_X(p)$

　　实验总时间（ttt）概念的建立归功于 Barlow et al.（1972），他们在某种估计问题中介绍了 ttt。随后 Barlow & Campo（1975）在数据分析中对 ttt 作为一种选择模型的工具进行了研究。Kochar, et al.（2002）基于 ttt 变换，对非负随机变量定义了实验总时间序（$\leq_{ttt}$）。对于一般的随机变量 $Z$（不要求非负），我们也将 $\Gamma_Z(\cdot)$ 和 $T_Z(\cdot)$ 分别称为积分生存函数和试验总时间变换。

　　下面的命题 1.2.1 给出了 $\Gamma_Z(\cdot)$ 的一个刻画，它的证明与 Landsberger & Meilijson（1994）中的引理 1.A，Müller（1998）中的定理 A.1，Müller & Rüschendorf（2001）中的命题 4.1 的证明类似，故省略。

　　**命题** 1.2.1.　（a）设随机变量 $Z$ 的均值有限，则积分生存函数 $\Gamma_Z(\cdot)$ 具有如下的性质：

　　（i）$\Gamma_Z(t)$ 在 $\Re$ 上是凹函数而且单调递增；

　　（ii）右导数 $D^+\Gamma_Z(t)$ 存在，且 $0 \leq D^+\Gamma_Z(t) \leq 1$；

(iii) $\lim\limits_{t\to\infty}(\Gamma_Z(t)-t)=0$ 且

$$\Gamma_Z(+\infty)=\lim\limits_{t\to\infty}\Gamma_Z(t)=\mathbb{E}Z\in\Re.$$

(b) 对任意函数 $\Gamma:\Re\to\Re$ 满足 (a) 中的条件 (i) 和 (iii)，则存在一个随机变量 $Z$，使得 $\Gamma(\cdot)$ 是 $Z$ 的积分生存函数，且 $\mathbb{E}Z=\Gamma(+\infty)$，其中 $Z$ 的分布函数为

$$F_Z(z)=1-D^+\Gamma(z),\, z\in\Re.$$

接下来的定义扩展了序 $\le_{\mathrm{ttt}}$，取消了序 $\le_{\mathrm{ttt}}$ 只能比较非负随机变量的限制，使其比较的对象扩展到整个实数空间。这样的扩展将会使我们得到关于序 $\le_{\mathrm{ttt}}$ 的一些重要的性质。

**定义** 1.2.1. 设随机变量 $X$ 和 $Y$ 的分布函数分别为 $F$ 和 $G$，均值有限。则称 $X$ 在实验总时间变换序意义下小于 $Y$，记作 $X\le_{\mathrm{ttt}}Y$，若

$$T_X(p)\le T_Y(p),\,\forall\, p\in(0,1).$$

由于当 $p\to1$ 时，$T_Z(p)\to\mathbb{E}Z$，容易验证

$$X\le_{\mathrm{ttt}}Y\Rightarrow\mathbb{E}X\le\mathbb{E}Y.$$

Landsberger & Meilijson (1994) 证明了

$$X\le_{\mathrm{ew}}Y\Leftrightarrow\Psi_Y^{-1}(w)-\Psi_X^{-1}(w)\text{ 关于 }w\in\Re_+\text{ 单调递减},$$

$$(1.2.4)$$

19

和

$$X \leq_{\text{lir}} Y \Leftrightarrow \Phi_Y^{-1}(w) - \Phi_X^{-1}(w) \text{ 关于 } w \in \mathfrak{R}_+ \text{ 单调递增},$$
$$(1.2.5)$$

其中

$$\Phi_Z(t) = \int_{-\infty}^{t} H(z)dz = \Psi_Z(t) + t - \mathbb{E}Z = t - \Gamma_Z(t),$$
$$t \in \mathfrak{R}, (1.2.6)$$

为具有分布函数 $H$ 的随机变量的积分分布函数。通过分析 (1.2.4) 和 (1.2.5)，我们可以得到 $\leq_{\text{ttt}}$ 序的下列刻画。

**定理** 1.2.1. 设随机变量 $X$ 和 $Y$ 的分布函数分别为 $F$ 和 $G$，且均值有限。那么

$$X \leq_{\text{ttt}} Y \Leftrightarrow \Gamma_Y^{-1}(w) - \Gamma_X^{-1}(w) \text{ 关于 } w \in (-\infty, \min\{\mathbb{E}X, \mathbb{E}Y\}) \text{ 单调递减}。$$
$$(1.2.7)$$

**证明**：注意到 $X \leq_{\text{ttt}} Y$ 当且仅当 $\Gamma_X(F^{-1}(p)) \leq \Gamma_Y(G^{-1}(p)), \forall p \in (0,1)$。该式意味着存在某个 $q = q(p) \geq p \in (0,1)$，满足

$$\Gamma_X(F^{-1}(q)) = \Gamma_Y(G^{-1}(p)).$$

而 $1-q$ 和 $1-p$ 分别是 $\Gamma_X(\cdot)$ 在点 $F^{-1}(q)$ 和 $\Gamma_Y(\cdot)$ 在点 $G^{-1}(p)$ 的导数。因此，$\Gamma_Y(\cdot)$ 穿过任意水平线的斜率大于 $\Gamma_X(\cdot)$ 穿过的斜率，即对任意 $w \in \Re$，$\Gamma_Y^{-1}(w)$ 的导数小于 $\Gamma_X^{-1}(w)$ 的导数。所以，$\Gamma_Y^{-1}(w) - \Gamma_X^{-1}(w)$ 关于 $w \in (-\infty, \mathbb{E}X)$ 单调递减。

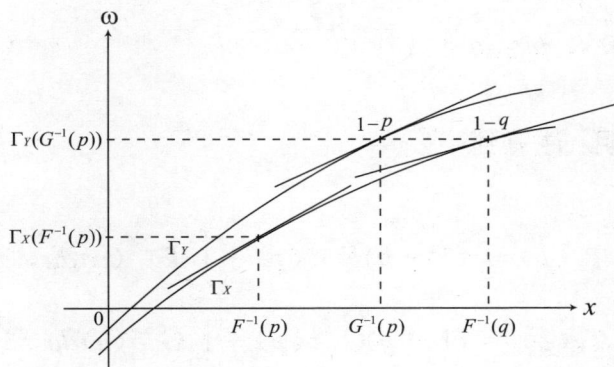

**图 1-2 与 ttt 序有关的 $\Gamma$ — 函数**

图 1-2 给出了直观的解释：从命题 1.2.1 易知，曲线 $w = \Gamma_Z(x)$ 在直线 $w = x$ 下方，且当 $x \rightarrow -\infty$ 时，$w = x$ 是曲线 $w = \Gamma_Z(x)$ 的渐近线。而且注意到，如果 $\Gamma_Y^{-1}(w) - \Gamma_X^{-1}(w)$ 关于 $w$ 递减，其中 $w < \min\{\mathbb{E}X, \mathbb{E}Y\}$，那么，由命题 1.2.1 知，$\mathbb{E}X \leq \mathbb{E}Y$ 且曲线 $w = \Gamma_Y(x)$ 在 $w = \Gamma_X(x)$ 下方。综上，该定理证毕。

21

**定理** 1.2.2. 设随机变量 $X, Y$ 的分布函数分别为 $F$, $G$，均值有限，则

$$X \leq_{\text{ttt}} Y$$

$\Leftrightarrow \dfrac{1}{1-p}\displaystyle\int_0^p [G^{-1}(u) - F^{-1}(u)]du$ 关于 $p \in (0,1)$ 单调递增

$\Leftrightarrow F^{-1}(p) - G^{-1}(p) \leq \dfrac{1}{1-q}\displaystyle\int_0^q [G^{-1}(u) - F^{-1}(u)]du,$

$0 < p \leq q < 1.$ \hfill (1.2.8)

**证明：** 注意到

$$T_X(p) = (1-p)F^{-1}(p) + \int_0^p F^{-1}(u)du,$$

$$T_Y(p) = (1-p)G^{-1}(p) + \int_0^p G^{-1}(u)du.$$

图 $1-1$ 给出了直观的解释，而且 $\dfrac{1}{1-p}\displaystyle\int_0^p [G^{-1}(u) - F^{-1}(u)]du$ 求导后的符号与

$$\left[(1-p)G^{-1}(p) + \int_0^p G^{-1}(u)du\right] -$$

$$\left[(1-p)F^{-1}(p) + \int_0^p F^{-1}(u)du\right]$$

$$= T_Y(p) - T_X(p)$$

的符号相同。再由序 $\leq_{ttt}$ 的定义，即得我们欲证的结果。该定理证毕。

比较 (1.2.8)、(1.1.1) 与 (1.1.2)，我们会发现有一个有趣的现象：在 $X$ 与 $Y$ 之间存在另外一种偏序，定义为

$$\frac{1}{p}\int_p^1 [G^{-1}(u) - F^{-1}(u)]du \text{ 关于 } p \in (0,1) \text{ 单调递增。}$$

这可以看作 $\leq_{ttt}$ 序的对偶序，就像 $\leq_{lir}$ 序是 $\leq_{ew}$ 序的对偶序一样。

因此，我们给出下面对偶 ttt 序的定义。

**定义 1.2.2.** 设随机变量 $X$ 和 $Y$ 的分布函数分别为 $F$ 和 $G$，且均值有限。那么称 $X$ 在对偶实验总时间序意义下小于 $Y$（也称为位置相依风险序），记作 $X \leq_{dttt} Y$，若

$$D_X(p) \geqslant D_Y(p), \forall p \in (0,1),$$

其中对任意均值有限，分布函数为 $H$ 的随机变量 $Z$，

$$D_Z(p) = \mathbb{E}Z + \int_{-\infty}^{H^{-1}(p)} H(z)dz, p \in (0,1). \qquad (1.2.9)$$

23

接下来这个引理描述了序 $\leq_{ttt}$ 和 $\leq_{dttt}$ 的对偶关系，它的证明可由等式

$$D_{-X}(p) = -T_X(1-p), \quad p \in (0,1)$$

直接得到，故省略。

**引理** 1.2.1. 设随机变量 $X$ 和 $Y$ 的分布函数分别为 $F$ 和 $G$，均值有限，则

$$X \leq_{ttt} Y \Leftrightarrow -X \leq_{dttt} -Y$$

利用引理 1.2.1，我们可以由定理 1.2.1 和定理 1.2.2 直接得到下面的结论。

**定理** 1.2.3. 设随机变量 $X$ 和 $Y$ 的分布函数分别为 $F$ 和 $G$，均值有限，则

$X \leq_{dttt} Y$

$\Leftrightarrow \dfrac{1}{p}\displaystyle\int_p^1 [G^{-1}(u) - F^{-1}(u)] du$ 关于 $p \in (0,1)$ 单调递增， $\qquad(1.2.10)$

$\Leftrightarrow F^{-1}(q) - G^{-1}(q) \geqslant \dfrac{1}{p}\displaystyle\int_0^p [G^{-1}(u) - F^{-1}(u)] du,$

$$0 < p \leqslant q < 1$$

$\Leftrightarrow L_Y^{-1}(w) - L_X^{-1}(w)$ 关于 $w$ 单调递减，

$$w > \max\{\mathbb{E}X, \mathbb{E}Y\}, \tag{1.2.11}$$

其中，对任意的分布函数为 $H$ 且均值有限的随机变量 $Z$，定义

$$L_Z(t) = \mathbb{E}Z + \int_{-\infty}^t H(z)dz, \ t \in \Re \tag{1.2.12}$$

注意到 $T_{X+c}(p) = T_X(p) + c$ 和 $D_{X+c}(p) = D_X(p) + c$，$c \in \Re$，我们有

$$X \leq_{\text{ttt}} Y \Rightarrow X \leq_{\text{ttt}} Y + c, \ c \in \Re_+,$$
$$X \leq_{\text{dttt}} Y \Rightarrow X + c \leq_{\text{dttt}} Y, \ c \in \Re_+.$$

同时，观察到 $T_{aX}(p) = aT_X(p)$ 和 $D_{aX} = aD_X(p)$，$p \in (0,1)$，$a \in \Re_+$，我们有

$$X \leq_{\text{ttt}} Y \Rightarrow aX \leq_{\text{ttt}} aY, \ a \in \Re_+,$$
$$X \leq_{\text{dttt}} Y \Rightarrow aX \leq_{\text{dttt}} aY, \ a \in \Re_+.$$

下面的定理描述了序 $\leq_{\text{ttt}}$ 和 $\leq_{\text{dttt}}$ 在增凸和增凹变换下的封闭性。详细证明将在本章最后的附录部分给出。

**定理 1.2.4.** 设 $X$ 和 $Y$ 是两个随机变量，均值有限。

25

（a）若 $\phi$ 是一个增凹函数，则

$$X \leqslant_{\text{ttt}} Y \Rightarrow \phi(X) \leqslant_{\text{ttt}} \phi(Y);\qquad (1.2.13)$$

（b）若 $\phi$ 是一个增凸函数，则

$$X \leqslant_{\text{ttt}} Y \Rightarrow \phi(X) \leqslant_{\text{ttt}} \phi(Y);\qquad (1.2.14)$$

**注 1.2.1.** 对支撑集左端点为 0 的非负随机变量 $X$ 和 $Y$，Kochar et al.（2002）对于函数 $\phi(\phi(0) = 0)$ 建立了定理 1.2.4 中的第一部分。

### 三、序 $\leqslant_{\text{ttt}}$，$\leqslant_{\text{dttt}}$ 与其他序的关系

这一节我们考虑序 $\leqslant_{\text{ttt}}$，$\leqslant_{\text{dttt}}$ 与序 $\leqslant_{\text{st}}$，$\leqslant_{\text{icv}}$，$\leqslant_{\text{icx}}$，$\leqslant_{\text{lir}}$ 和 $\leqslant_{\text{ew}}$ 等之间的关系。

假设随机变量 $X$，$Y$ 的分布函数和支撑集分别为 $F$，$G$ 和 supp $(X)$，supp $(Y)$。令 $l_X$，$u_X$ 和 $l_Y$，$u_Y$ 分别表示 $X$，$Y$ 的支撑集的左、右端点，其中 $l_X$，$u_X$，$l_Y$ 和 $u_Y$ 可以取为 $\infty$。我们称 $X$ 在通常随机序意义下小于 $Y$，记作 $X \leqslant_{\text{st}} Y$，若 $\overline{F}(x) \leqslant \overline{G}(x)$，$\forall x \in \Re$，或者等价地，对任意递增函数 $h$，有 $\mathbb{E}[h(x)] \leqslant \mathbb{E}[h(Y)]$。

**命题 1.3.1.** 设 $X$ 和 $Y$ 是两个随机变量，均值有限，

则

$$X \leq_{st} Y \Rightarrow X \leq_{ttt} Y, X \geq_{dttt} Y$$

且

$$X \leq_{ttt} Y, \ l_X, l_Y \in \Re \Rightarrow X \leq_{icv} Y, \ l_X \leq l_Y;$$
$$\text{(1.3.1)}$$
$$X \leq_{dttt} Y, \ u_X, u_Y \in \Re \Rightarrow X \leq_{icx} Y, \ u_X \leq u_Y.$$
$$\text{(1.3.2)}$$

**证明：** 我们仅给出（1.3.1）的证明，剩余部分的证明由（1.2.8）和引理 1.2.1 是显然的。

假设 $X \leq_{ttt} Y$，因为 $l_X, l_Y$ 有限，由（1.2.8）有

$$\frac{1}{1-p} \int_0^p [G^{-1}(u) - F^{-1}(u)] du \geq$$
$$\lim_{q \to 0} \int_0^q [G^{-1}(u) - F^{-1}(u)] du = 0, \forall p \in (0,1),$$

根据 Shaked & Shanthikumar（2007）中的定理 4.A.1 和 4.A.2，上式等价于 $X \leq_{icv} Y$。再由事实：$X \leq_{icv} Y$ 当且仅当

$$\int_{-\infty}^x F(u) du \geq \int_{-\infty}^x G(u) du, \ x \in \Re .$$

即得 $l_X \leq l_Y$。该命题证毕。

**注** 1.3.1. 对非负随机变量 $X$ 和 $Y$，在假设它们的支撑集具有相同的左端点 0 的条件下，Kochar et al.（2002）在他们的推论 3.1 中建立了（1.3.1）。这个条件在本章的命题 1.3.1 中被取消了。

当 $\mathbb{E}X = \mathbb{E}Y$ 时，根据定义有

$$X \leq_{\mathrm{ttt}} Y \Leftrightarrow X \geq_{\mathrm{ew}} Y; X \leq_{\mathrm{dttt}} Y \Leftrightarrow X \geq_{\mathrm{lir}} Y. \qquad (1.3.3)$$

当 $\mathbb{E}X \neq \mathbb{E}Y$ 时，Kochar et al.（2002）指出序 $\leq_{\mathrm{ew}}$，$\leq_{\mathrm{lir}}$ 与序 $\leq_{\mathrm{ttt}}$，$\leq_{\mathrm{dttt}}$ 之间不存在蕴涵关系。但是，如果对随机变量的支撑集做一些假设，我们就会得到下面的命题，这个命题描述了序 $\leq_{\mathrm{lir}}$ 和 $\leq_{\mathrm{ew}}$ 分别蕴涵着序 $\leq_{\mathrm{ttt}}$ 和 $\leq_{\mathrm{dttt}}$。

**命题** 1.3.1. 设随机变量 $X$ 和 $Y$ 均值有限，则

$$X \leq_{\mathrm{lir}} Y, -\infty < l_X \leq l_Y \Rightarrow X \leq_{\mathrm{st}} Y \Rightarrow X \leq_{\mathrm{ttt}} Y,$$
$$(1.3.4)$$
$$X \leq_{\mathrm{ew}} Y, u_Y \leq u_X < \infty \Rightarrow X \geq_{\mathrm{st}} Y \Rightarrow X \leq_{\mathrm{dttt}} Y.$$
$$(1.3.5)$$

**证明：**（1.3.5）是（1.3.4）的对偶情形，故我们仅给出（1.3.4）的证明。假设 $X \leq_{\mathrm{lir}} Y$，由（1.1.1）得

$$\frac{1}{p}\int_0^p [G^{-1}(u) - F^{-1}(u)]du$$

$$\geq \lim_{q\to 0} \frac{1}{q}\int_0^q [G^{-1}(u) - F^{-1}(u)]du$$

$$= \lim_{q\to 0}[G^{-1}(q) - F^{-1}(q)]$$

$$= l_Y - l_X \geq 0, \ p \in (0,1).$$

相反地，假设 $X \nleq_{st} Y$，那么，存在 $p_0 \in (0,1)$ 满足 $G^{-1}(p_0) < F^{-1}(p_0)$。由于 $F^{-1}(p)$ 和 $G^{-1}(p)$ 关于 $p \in (0,1)$ 连续，因此，函数

$$\int_0^p [G^{-1}(u) - F^{-1}(u)]du$$

和

$$p^{-1}\int_0^p [G^{-1}(u) - F^{-1}(u)]du$$

为正，且在 $p_0$ 点的充分小的邻域内是严格递减的，这与 (1.1.1) 矛盾。综上，$X \leq_{st} Y$ 成立，由命题 1.3.1，这也蕴涵着 $X \leq_{ttt} Y$。该命题证毕。

Li & Shaked（2007）证明了对于连续的非负随机变量，序 $\leq_{lir}$ 蕴涵着序 $\leq_{st}$。利用不同的方法，Li & Wang（2003）对非负的随机变量 $X$ 和 $Y$，当 $l_X = l_Y = 0$ 时，得到了（1.3.4）中的第一个蕴涵式。这也是 Sordo（2009）中

的定理 6。

我们给出一个例子说明序$\leq_{ttt}$与$\leq_{dttt}$是不相同的。

**例 1.3.1.** $(X \leq_{ttt} Y \not\Rightarrow X \leq_{dttt} Y$ 或 $Y \leq_{dttt} X)$ 设 $X$ 是一个参数为 $\lambda > 0$ 的指数型随机变量，$Y$ 服从均匀 $(0,1)$ 分布。通过直接的计算，有

$$T_X(p) = \frac{p}{\lambda}, \ T_Y(p) = p - \frac{1}{2}p^2, \ p \in (0,1)$$

和

$$D_X(p) = \frac{1-p}{\lambda} - \frac{1}{\lambda}\ln(1-p),$$
$$D_Y(p) = \frac{1}{2}(1+p^2), \ p \in (0,1).$$

容易验证

$$X \leq_{ttt} Y \Leftrightarrow \lambda \geq 2.$$

当 $\lambda > 2$ 时，令 $p \to 1$ 得 $D_Y(1-) < D_X(1-)$，因此 $Y \not\leq_{dttt} X$；令 $p \to 0$ 则有 $D_Y(0+) = \frac{1}{2} > \frac{1}{\lambda} = D_X(0+)$，因此 $X \not\leq_{dttt}$ $Y$。当 $\lambda = 2$ 时，定义 $h(p) = D_Y(p) - D_X(p)$。容易得到，当 $p$ 由 0 变到 1 时，$h(p)$ 由正变为负。因此，$X \not\leq_{dttt} Y$ 且

$Y \lneqq_{dttt} X$。

此外，简单的运算表明，若 $\lambda \in (0,1]$，则 $X \leq_{dttt} Y$ 且 $Y \leq_{ttt} X$。

Shaked & Shanthikumar（2007）中的定理 4. A. 6 描述了增凸序和增凹序的分离定理［对于非负随机变量的相关讨论也可参见 Müller（1996），对具有有限支撑和合理概率的随机变量的讨论请见 Makowski（1994）］。

**事实** 1.3.1. 设 $X$ 和 $Y$ 是两个随机变量，

（a）$X \leq_{icx} Y$ 当且仅当存在随机变量 $Z$ 满足

$$X \leq_{st} Z \leq_{cx} Y \text{ 或 } X \leq_{cx} Z \leq_{st} Y;$$

（b）$X \leq_{icv} Y$ 当且仅当存在随机变量 $Z$ 满足

$$X \leq_{st} Z \leq_{cv} Y \text{ 或 } X \leq_{cv} Z \leq_{st} Y.$$

通过分析，我们发现分离定理对于序 $\leq_{ttt}$ 和 $\leq_{dttt}$ 也是成立的。为了证明这个结论，首先，我们不加证明地给出下面这个引理。

**引理** 1.3.1. 设随机变量 $X$ 和 $Y$ 均值有限，则 $X \leq_{st} Y$ 当且仅当 $\Gamma_Y(t) - \Gamma_X(t)$ 关于 $t$ 单调递增。

**定理** 1.3.1. 设随机变量 $X$ 和 $Y$ 均值有限，则

（i） $X \leq_{\text{ttt}} Y$ 当且仅当存在一个随机变量 $Z$ 满足

$$X \leq_{\text{ttt}} Z \leq_{\text{st}} Y \text{ 且 } \mathbb{E}X = \mathbb{E}Z;$$

（ii） $X \leq_{\text{dttt}} Y$ 当且仅当存在一个随机变量 $Z$ 满足

$$X \leq_{\text{dttt}} Z \geq_{\text{st}} Y \text{ 且 } \mathbb{E}X = \mathbb{E}Z.$$

**证明：** 我们只给出（i）中必要性的证明，充分性的证明是平凡的；根据引理 1.2.1，（ii）是（i）的对偶。

为证明（i），假设 $X \leq_{\text{ttt}} Y$，则 $\mathbb{E}X \leq \mathbb{E}Y$。不失一般性，我们假设 $\mathbb{E}X < \mathbb{E}Y$（否则，选择 $Z = X$）。定义函数 $\Gamma_Z$ 是两个单调增且凹的函数中最小者：

$$\Gamma_Z(t) = \min\{\Gamma_Y(t), l(t)\}, \text{其中 } l(t) = t - (t - \mathbb{E}X)_+.$$

因此，$\Gamma_Z(t)$ 在 $\Re$ 上是凹函数且单调递增。此外，因为 $\mathbb{E}X \leq \mathbb{E}Y$，所以

$$\lim_{t \to -\infty}(\Gamma_Z(t) - t) = 0, \quad \lim_{t \to +\infty}\Gamma_Z(t) = \min\{\mathbb{E}Y, \mathbb{E}X\} = \mathbb{E}X.$$

根据命题 1.2.1（b），$\Gamma_Z$ 可以看作由（1.2.1）定义的某个随机变量 $Z$ 的积分生存函数，并且有 $\mathbb{E}Z = \mathbb{E}X$。由图

1-3，容易得到

$$\Gamma_Z(t) = \begin{cases} \Gamma_Y(t), t \le t_0, \\ \mathbb{E}X, \quad t > t_0, \end{cases}$$

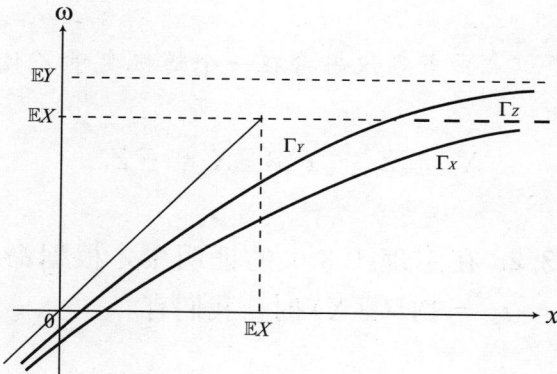

图 1-3　构造 $\Gamma_Z(\cdot)$ 函数满足 $X \le_{ttt} Z \le_{st} Y$ 且 $\mathbb{E}X = \mathbb{E}Z$

其中 $t_0 = \Gamma_Y^{-1}(\mathbb{E}X)$。因此，$\Gamma_Y(t) - \Gamma_Z(t) = (\Gamma_Y(t) - \mathbb{E}X)_+$ 关于 $t \in \Re$ 单调递增。再根据引理 1.3.1，就可推出 $Z \le_{st} Y$。而且，对于 $w < \mathbb{E}X = \mathbb{E}Z$,

$$\Gamma_Z^{-1}(w) - \Gamma_X^{-1}(w) = \Gamma_Y^{-1}(w) - \Gamma_X^{-1}(w)$$

关于 $w$ 单调递减。再利用定理 1.2.1，$X \le_{ttt} Z$。综上，(i) 证毕。

利用 (1.3.3)，定理 1.3.1 可以被写为：

**定理 1.3.1′.** 假设随机变量 $X$ 和 $Y$ 具有有限均值，则：

(i) $X \leq_{\text{ttt}} Y$ 当且仅当存在一个随机变量 $Z$ 使得

$$X \geq_{\text{ew}} Z \leq_{\text{st}} Y \text{ 且 } \mathbb{E}X = \mathbb{E}Z;$$

(ii) $X \leq_{\text{dttt}} Y$ 当且仅当存在一个随机变量 $Z$ 使得

$$X \geq_{\text{lir}} Z \geq_{\text{st}} Y \text{ 且 } \mathbb{E}X = \mathbb{E}Z.$$

**注 1.3.2.** 在定理 1.3.1 的证明中，根据命题 2.2.1 (b)，当 $t < t_0 = \Gamma_Y^{-1}(\mathbb{E}X)$ 时，我们有

$$F_Z(t) = 1 - D^+\Gamma_Z(t) = 1 - D^+\Gamma_Y(t) = F_Y(t).$$

当 $t > t_0$ 时，由 $\Gamma_Z(t) = \mathbb{E}X$ 知 $F_Z(t) = 1$。因此，定理 1.3.1 (i) 中的 $Z$ 可以选择为 $\min\{Y, t_0\}$ 或者与 $\min\{Y, t_0\}$ 有相同的分布的随机变量，其中，$t_0$ 满足

$$\mathbb{E}X = \mathbb{E}\min\{Y, t_0\}.$$

类似地，定理 1.3.1 (ii) 中的 $Z$ 可以选择为 $\max\{Y, t_0'\}$，或者与 $\max\{Y, t_0'\}$ 有相同的分布的随机变量，其中 $t_0'$ 满足

$$\mathbb{E}X = \mathbb{E}\max\{Y, t_0'\}$$

利用以上这些事实，我们可以立即给出定理 1.3.1 的另一种不同的证明方法。我们仍仅给出（i）的证明如下：

不失一般性，假设 $\mathbb{E}X<\mathbb{E}Y$。首先，选择随机变量 $Z=\min\{Y,t_0\}$ 使得 $\mathbb{E}Z=\mathbb{E}X$。显然，$Z\leq_{st}Y$。令 $p_0=G^{-1}(t_0)$，注意到

$$T_Z(p)=\begin{cases}T_Y(p), & p\leq p_0,\\ \mathbb{E}Z, & p>p_0,\end{cases} \qquad (1.3.6)$$

和

$$T_Z(p)=\mathbb{E}\min\{Y,t_0\}=\mathbb{E}Y-\int_{G^{-1}(p_0)}^{\infty}\overline{G}(y)dy$$

$$\leq \mathbb{E}Y-\int_{G^{-1}(p)}^{\infty}\overline{G}(y)dy=T_Y(p),\ p>p_0.$$

$$(1.3.7)$$

如果 $X\leq_{ttt}Y$，$T_X(p)\leq T_Y(p)$，$p\in(0,1)$。又因为 $T_X(p)\leq\mathbb{E}X$，所以，根据（1.3.6），$T_X(p)\leq T_Z(p)$，$p\in(0,1)$。反之，如果 $X\leq_{ttt}Z$，那么由（1.3.6）和（1.3.7），$T_X(p)\leq T_Y(p)$，$p\in(0,1)$。综上，$X\leq_{ttt}Y$ 成立。

**注 1.3.3**. 根据注 1.3.3，注意到定理 1.3.1 和 1.3.1′ 中的随机变量 $Z$ 和 $Y$ 的左端点相同，即 $l_Z=l_Y$。

基于以上的结果，我们有理由相信以下结果正确：

(i) $X \leq_{ttt} Y$ 当且仅当存在随机变量 $Z$ 使得

$$X \leq_{st} Z \leq_{ttt} Y \text{ 且 } \mathbb{E}X = \mathbb{E}Z.$$

(ii) $X \leq_{dttt} Y$ 当且仅当存在随机变量 $Z$ 使得

$$X \geq_{st} Z \leq_{dttt} Y \text{ 且 } \mathbb{E}X = \mathbb{E}Z.$$

但这仍然是一个公开未决的问题。

## 四、序 $\leq_{ttt}$ 和 $\leq_{dttt}$ 的生成过程

Landsberger & Meilijson（1994）基于具有相同均值的分布函数的单穿性质的保持均值的左（右）延展，给出了序 $\leq_{lir}$ 和 $\leq_{ew}$ 的生成过程。本节中，在我们证明关于序 $\leq_{ttt}$ 和 $\leq_{dttt}$ 的生成过程的定理之前，有必要先证明两个特殊的结果：关于 ttt 序的均值递减右延展和 dttt 的均值递减左延展。为此先给出单穿和左（右）延展的定义。

**定义 1.4.1.** （Landsberger & Meilijson，1994）

(i) 对两个分布函数 $F_1$ 和 $F_2$，若存在 $x_0 \in \Re$，使得当 $x \leq x_0$ 时 $F_1(x) \geq F_2(x)$，当 $x \geq x_0$ 时 $F_1(x) \leq F_2(x)$，则我们称 $F_1$ 在 $x_0$ 处从上向下单穿 $F_2$。特别地，若 $F_1 \geq F_2$ 恒成立，则称 $F_1$ 在 $x_0 = +\infty$ 处从上向下单穿 $F_2$。若 $F_1 \leq F_2$

恒成立，则称 $F_1$ 在 $x_0 = -\infty$ 处从上向下单穿 $F_2$。

（ii）$F_2$ 称为是 $F_1$ 的左延展，如果当 $x$ 从 $-\infty$ 到 $+\infty$ 变化时，$F_2$ 从上向下单穿 $F_1$ 的任意水平左平移；即对任意的 $c \geqslant 0$，$F_2(x)$ 从上向下单穿 $F_1(x+c)$。

（iii）$F_2$ 称为是 $F_1$ 的右延展，如果当 $x$ 从 $-\infty$ 到 $+\infty$ 变化时，$F_2$ 从上向下单穿 $F_1$ 的任意水平右平移；即对任意的 $c \geqslant 0$，$F_2(x)$ 从上向下单穿 $F_1(x-c)$。

**引理 1.4.1.** 设 $\Gamma_Y$ 是随机变量 $Y$ 的积分生存函数。对任意的 $t_0 \in \mathfrak{R}$，$\delta > 0$，定义

$$\Gamma_X(t) = \begin{cases} \Gamma_Y(t), & t \leqslant t_0, \\ \Gamma_Y(t+\delta) - [\Gamma_Y(t_0+\delta) - \Gamma_Y(t_0)], & t > t_0, \end{cases}$$

那么 $\Gamma_X$ 也是某个随机变量（记作 $X$）的被积生存函数，且

$$X \leqslant_{\text{ttt}} Y, \quad \mathbb{E}Y - \mathbb{E}X = \Gamma_Y(t_0+\delta) - \Gamma_Y(t_0).$$

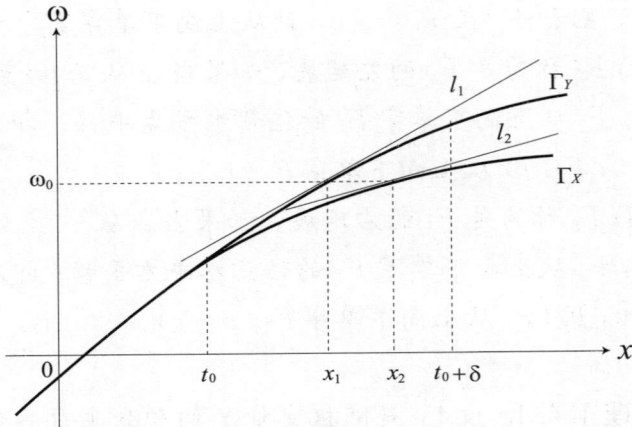

图 1-4　由函数 $\Gamma_Y$ 生成函数 $\Gamma_X$ 满足 $X \leq_{\text{ttt}} Y$

**证明**：我们只需要证明 $X \leq_{\text{ttt}} Y$，因为利用命题 1.2.1，剩余部分的证明都是平凡的。由函数 $\Gamma_Y(\cdot)$ 的凹性，

$$\Gamma_Y(t) - \Gamma_Y(t+\delta) \geq \Gamma_Y(t_0) - \Gamma_Y(t_0+\delta),\ t > t_0,$$

因此，如图 1-4 所示，当 $t > t_0$ 时，曲线 $w = \Gamma_X(t)$ 在 $w = \Gamma_Y(t)$ 的下方。对于任意的 $w_0 \in (\Gamma_Y(t_0), \mathbb{E}X)$，存在 $x_1 < x_2$ 使得 $w_0 = \Gamma_Y(x_1) = \Gamma_X(x_2)$。注意到，$\Gamma_Y(\cdot)$ 在 $x_1$ 点切线 $l_1$ 的斜率是 $\overline{G}(x_1)$，它大于 $\Gamma_X(\cdot)$ 在 $x_2$ 点切线 $l_2$ 的斜率 $\overline{G}(x_2+\delta)$。所以，$\Gamma_Y(\cdot)$ 以大于 $\Gamma_X(\cdot)$ 的斜率穿过任意水平线。综上，

$$\Gamma_Y^{-1}(w) - \Gamma_X^{-1}(w)\ \text{关于}\ w \in (-\infty, \mathbb{E}X)\ \text{单调递减}。$$

根据 1.2.1，我们得到结论 $X \leqslant_{\text{ttt}} Y$。该引理证毕。

**定义** 1.4.2. （（$\alpha, z_0, x_0$）—右延展）假设随机变量 $Y$ 的分布函数为 $G$，均值有限，取 $\alpha \in (0,1), z_0 \in \mathfrak{R}$ 使得 $G(z_0) < \alpha$，设 $y_0$ 满足 $G(y_0-) \leqslant \alpha \leqslant G(y_0)$。定义某个随机变量 $X$ 的分布函数 $F$ 如下（如图 1-5）：

$$F(t) = \begin{cases} G(t), & t < z_0, \\ \alpha, & z_0 \leqslant t < x_0, \\ G(t + y_0 - x_0), & t \geqslant x_0, \end{cases}$$

其中 $x_0$ 是由 $X$ 的均值唯一决定。我们称 $F$ 是 $G$ 的 （$\alpha, z_0, x_0$）—右延展。

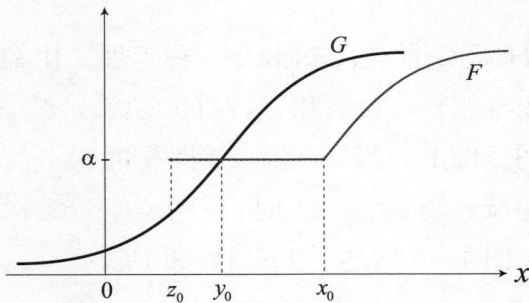

图 1-5  $F$ 是 $G$ 的 $(\alpha, z_0, x_0)$—右延展

$F$ 的积分生存函数，即 $G$ 的 $(\alpha, z_0, x_0)$—右延展为

$$\Gamma_F(t) = \begin{cases} \Gamma_G(t), & t \le z_0, \\ \text{斜率为 } 1-\alpha \text{ 的直线}, & z_0 < t \le x_0, \\ \mathbb{E}Y - \mathbb{E}X + \Gamma_G(t + y_0 - x_0), & t > x_0, \end{cases}$$

特别地，对于分布函数为 $H$ 的某个随机变量 $Z$，考虑到它的积分生存函数 $\Gamma_H(\cdot)$：

$$\Gamma_F(t) = \begin{cases} \Gamma_G(t), & t \le z_0, \\ \text{斜率为 } 1-\alpha \text{ 的直线}, & z_0 < t \le x_0^*, \\ \Gamma_G(t + y_0 - x_0^*), & t > x_0^*. \end{cases}$$

其中

$$x_0^* = z_0 + \frac{\Gamma_G(y_0) - \Gamma_G(z_0)}{1-\alpha} > y_0. \tag{1.4.1}$$

容易验证 $H$ 是 $G$ 的 $(\alpha, z_0, x_0^*)$ 一右延展。由命题 1.2.1，我们有 $\mathbb{E}Z = \mathbb{E}Y$；这意味着，$G$ 的 $(\alpha, z_0, x_0^*)$ 一右延展是保持均值的。综上，当 $x_0 \le x_0^*$ 时，$G$ 的 $(\alpha, z_0, x_0)$ 一右延展为均值递减；当 $x_0 \ge x_0^*$ 时，$G$ 的 $(\alpha, z_0, x_0)$ 一右延展为均值递增。图 1-6 描述了 $\Gamma_F$，$\Gamma_G$ 和 $\Gamma_H$。

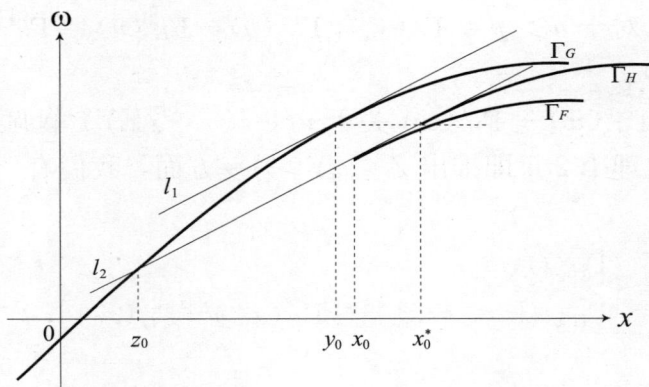

图 1-6 $\Gamma_F(\cdot), \Gamma_G(\cdot), \Gamma_H(\cdot)$

**命题** 1.4.1. 假设随机变量 $X, X_{x_0}$ 和 $Y$ 的分布函数分别为 $F, F_{x_0}$ 和 $G$,

（a）若 $F$ 是 $G$ 的均值递减的右延展，则 $X \leq_{\text{ttt}} Y$。

（b）若 $F_{x_0}$ 是 $G$ 的 $(\alpha, z_0, x_0)$ — 右延展，则 $X_{x_0}$ $\leq_{\text{ttt}} X_{x_0'}$，其中 $z_0 < x_0 < x_0'$。

**证明：**（a）假设 $F$ 和 $H$ 分别是 $G$ 的 $(\alpha, z_0, x_0)$ — 右延展和 $(\alpha, z_0, x_0^*)$ — 右延展，其中 $x_0 \leq x_0^*$，且 $x_0^*$ 由 (1.4.1) 定义。由前面的构造和图 1-6，我们得到了 $\Gamma_H$ 的如下性质：

• $\Gamma_G$ 上过点 $(y_0, \Gamma_G(y_0))$ 的切线平行与过点 $(z_0, \Gamma_G(z_0))$ 和点 $(x_0^*, \Gamma_G(y_0))$ 的直线；

• 任意一条 $\Gamma_G$ 上过点 $(y_0, \Gamma_G(y_0))$ 的切线的斜率都不小于 $1 - \alpha$，其中 $z_0 < t < y_0$；

41

• 对于 $u > p = \Gamma_G(y_0)$，$\Gamma_G^{-1}(u) - \Gamma_H^{-1}(u) = \Gamma_G^{-1}(p) - \Gamma_H^{-1}(p)$。

由此，$\Gamma_G^{-1}(w) - \Gamma_H^{-1}(w)$ 关于 $w \in (-\infty, \mathbb{E}Y)$ 单调递减，根据定理 1.2.1 即推出 $Z \leq_{\mathrm{ttt}} Y$。另一方面，我们有

$$\Gamma_F(t) = \begin{cases} \Gamma_H(t), & t \leq x_0, \\ \Gamma_H(t + x_0^* - x_0) - [\Gamma_H(x_0^*) - \Gamma_H(x_0)], & t > x_0. \end{cases}$$

根据引理 1.4.3，$x_0 < x_0^*$ 可知 $X \leq_{\mathrm{ttt}} Z$，因此，若 $F$ 是 $G$ 的均值递减的右延展，则 $X \leq_{\mathrm{ttt}} Y$。

（b）该部分的证明可由引理 1.4.3 和下式直接得到。

$$\Gamma_{F_{x_0}}(t) = \begin{cases} \Gamma_{F_{x_0'}}(t), & t \leq x_0 \\ \Gamma_{F_{x_0'}}(t + x_0' - x_0) - [\Gamma_{F_{x_0'}}(x_0') - \Gamma_{F_{x_0'}}(x_0)], & t > x_0, \end{cases}$$

其中 $z < x_0 < x_0'$。该命题证毕。

**定义 1.4.3.** （$(\alpha, z_0, x_0)$—左延展）假设随机变量 $Y$ 的分布函数为 $G$ 且均值有限，取 $\alpha \in (0,1)$ 和 $z_0 \in \Re$ 使得 $G(z_0) > \alpha$，令 $y_0$ 满足 $G(y_0-) \leq \alpha \leq G(y_0)$。定义某个随机变量 $X$ 的分布函数 $F$ 如下（如图 1-7）：

$$F(t) = \begin{cases} G(t + y_0 - x_0), & t < x_0 \\ \alpha, & x_0 \leq t < z_0, \\ G(t), & t \geq z_0, \end{cases}$$

其中 $x_0$ 由 $X$ 的均值唯一确定。可以看到，$F$ 是 $G$ 的左延展。我们称 $F$ 是 $G$ 的 $(\alpha, z_0, x_0)$—左延展。

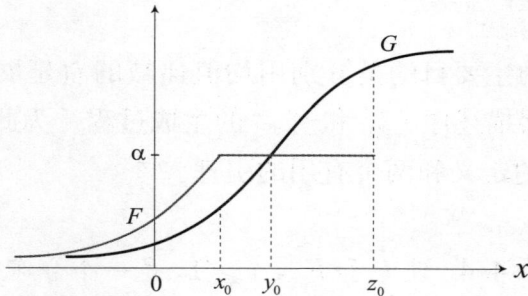

图 1-7　$F$ 是 $G$ 的 $(\alpha, z_0, x_0)$—左延展

接下来的结果的证明思想与命题 1.4.4 类似，故省略。

**命题** 1.4.2. 假设随机变量 $X$，$X_{x_0}$ 和 $Y$ 的分布函数分别为 $F$，$F_{x_0}$ 和 $G$。

（a）若 $F$ 是 $G$ 的均值递增的左延展，则 $X \leq_{\mathrm{dttt}} Y$；

（b）若 $F_{x_0}$ 是 $G$ 的 $(\alpha, z_0, x_0)$—左延展，则 $X_{x_0'} \leq_{\mathrm{dttt}} X_{x_0}$，其中 $x_0 < x_0' < z_0$。

**注** 1.4.1. 假设随机变量 $Y$ 的分布函数为 $G$。对任意的 $z_0 \in \Re$，$\min\{Y, z_0\}$ 的分布函数可以被看作 $G$ 的一个特殊的 $(1, z_0, +\infty)$—右延展。同样，$\max\{Y, z_0\}$ 的分布函数可以被看作 $G$ 的一个特殊的 $(0, z_0, -\infty)$—左延展。很明显，

$(1, z_0, +\infty)$一右延展是均值递减的，而 $(0, z_0, -\infty)$一左延展是均值递增的。根据命题 1.3.2，由 $\min\{Y, z_0\} \leq_{st} Y \leq_{st} \max\{Y, z_0\}$，我们就得到 $\min\{Y, z_0\} \leq_{ttt} Y$ 和 $\max\{Y, z_0\} \leq_{dttt} Y$。

本节的主要目的是分别用均值递减的右延展和均值递增的左延展描述序 $\leq_{ttt}$ 和 $\leq_{dttt}$ 的生成过程。为此，先给出 $\Psi$—收敛的定义和两个有用的引理。

**定义 1.4.4.** 设 $F$ 和 $F_n$，$n \geq 1$，是一个分布函数序列，如果由（1.2.6）定义的函数序列 $\Psi_{F_n}(x)$ 处处有意义，并且

$$\lim_{n \to \infty} \Psi_{F_n}(x) = \Psi_F(x), \forall x \in \Re,$$

则我们称 $F_n$ 是 $\Psi$—收敛于 $F$ 的。

类似地，可以定义 $\Phi$—收敛，$\Gamma$—收敛和 $L$—收敛。

**引理 1.4.2.** (a) $\Psi$—收敛等价于 $L$—收敛；

(b) $\Phi$—收敛等价于 $\Gamma$—收敛。

**证明：** 假设随机变量 $X$ 和 $X_n$ 的分布函数分别为 $F$ 和 $F_n$，$n \geq 1$，且均值有限。Müller（1996）证明了 $F_n$ 是 $\Psi$—收敛于 $F$ 的当且仅当

$$X_n \xrightarrow{d} X \text{ 且 } \mathbb{E}[(X_n)_+] \to \mathbb{E}X_+. \qquad (1.4.2)$$

Müller（1998）给出了 $F_n$ 是 $\Phi-$ 收敛于 $F$ 的当且仅当

$$X_n \xrightarrow{d} X \text{ 且 } \mathbb{E}\left[(X_n)_-\right] \to \mathbb{E}X_- . \qquad (1.4.3)$$

为了证明这个引理，只需要验证 $F_n$ 是 $L-$ 收敛于 $F$ 的当且仅当（1.4.2）成立，和 $F_n$ 是 $\Gamma-$ 收敛于 $F$ 的当且仅当（1.4.3）成立。这里我们只给出 $L-$ 收敛的证明，因为 $\Gamma-$ 收敛是 $L-$ 收敛的对偶。

$L-$ 收敛 $\Rightarrow$（1.4.2）：

假设对每个 $t$，当 $n \to \infty$ 时，$L_{X_n}(t) \to L_X(t)$。那么

$$\mathbb{E}\left[(X_n)_+\right] = \mathbb{E}X_n + \Phi_{X_n}(0) = L_{X_n}(0) \to$$
$$L_X(0) = \mathbb{E}X + \Phi_X(0) = \mathbb{E}X_+ .$$

接下来仍需证明 $F_n$ 弱收敛于 $F$。通过仔细的检查，Müller（1998）中定理 2.3 的证明方法在这里仍然适用，故不再赘述。

（1.4.2）$\Rightarrow L-$ 收敛：由

$$L_{X_n}(t) = \mathbb{E}\left[(X_n)_+\right] + \int_0^t F_n(x)dx, \; t \in \Re,$$

利用控制收敛定理即得。该引理证毕。

鉴于 (1.4.2) 和 (1.4.3), 我们知道, 若 $X$ 和 $X_n$, $n \geq 1$, 具有相等的有限均值, 则 $\Psi$-收敛等价于 $\Phi$-收敛。

**引理** 1.4.3. (Landsberger & Meilijson, 1994) 假设 $X$ 和 $Y$ 的分布函数分别为 $F$ 和 $G$, 具有相等的有限均值。

(a) $X \leq_{ew} Y$ 当且仅当存在分布函数序列 $F = F_0, F_1, F_2, \cdots$, 使得对任意的 $n \geq 1$, $F_n$ 是 $F_{n-1}$ 的保持均值的右延展, 且 $F_n$ 是 $\Phi$-收敛于 $G$ 的;

(b) $X \leq_{lir} Y$ 当且仅当存在分布函数序列 $F = F_0, F_1, F_2, \cdots$, 使得对任意的 $n \geq 1$, $F_n$ 是 $F_{n-1}$ 的保持均值的左延展, 且 $F_n$ 是 $\Psi$-收敛于 $G$ 的。

值得注意的是, 在引理 1.4.3 中, Landsberger & Meilijson (1994) 用的是分布的弱收敛而不是 $\Phi$-收敛。然而, Müller (1998, p.233) 指出只有将弱收敛换成为 $\Phi$-收敛时结论才成立.

**定理** 1.4.1. 假设 $X$ 和 $Y$ 的分布函数分别是 $F$ 和 $G$。

(a) $X \leq_{ttt} Y$ 当且仅当存在分布函数序列 $G = G_0, G_1, G_2, \cdots$, 使得对任意的 $n \geq 1$, $G_n$ 是 $G_{n-1}$ 的均值递减的右延展, 且 $G_n$ 是 $\Phi$-收敛于 $F$ 的;

(b) $X \leq_{dttt} Y$ 当且仅当存在分布函数序列 $G = G_0, G_1, G_2, \cdots$ 使得对任意的 $n \geq 1$, $G_n$ 是 $G_{n-1}$ 的均值递增的左延展, 且 $G_n$ 是 $\Psi$-收敛于 $F$ 的;

证明：我们仅给出（a）部分的证明，（b）是（a）的对偶情形。

必要性：假设 $X \leq_{\text{ttt}} Y$，鉴于注 1.3.2 和定理 1.3.1'，存在 $t_0 \in \Re$ 使得

$$X \geq_{\text{ew}} \min\{Y, t_0\} \leq_{\text{st}} Y, \quad \mathbb{E}X = \mathbb{E}\min\{Y, t_0\}.$$

记 $G_1$ 为 $\min\{Y, t_0\}$ 的分布函数，且令 $G_0 = G$，根据注 1.4.5 可以看到 $G_1$ 是 $G$ 的均值递减的右延展。再由引理 1.4.5（a），存在分布函数 $G_2, G_3, \cdots$，使得对任意的 $n \geq 2$，$G_n$ 是 $G_{n-1}$ 的保持均值的右延展，而且 $G_n$ 是 $\Phi$-收敛于 $F$ 的。必要性证毕。

充分性：假设对分布函数序列 $G = G_0, G_1, G_2, \cdots$，和任意的 $n \geq 1$，$G_n$ 是 $G_{n-1}$ 的保持均值的右延展，且 $G_n$ 是 $\Phi$-收敛于 $F$ 的。综合命题 1.4.1（a）和注 1.4.1，我们有 $G_n \leq_{\text{ttt}} G_{n-1}, n \geq 1$。因此，由定理 1.2.1，

$$\Gamma_{G_{n-1}}^{-1}(w) - \Gamma_{G_n}^{-1}(w) \text{ 关于 } w \in (-\infty, \mu_{G_n}) \text{ 单调递减},$$

其中，$\mu_{G_n}$ 是分布函数为 $G_n$ 的随机变量的均值。因为 $\mu_{G_n}$ 关于 $n$ 单调递减，故上式蕴涵着

$$\Gamma_{G}^{-1}(w) - \Gamma_{G_n}^{-1}(w) \text{ 关于 } w \in (-\infty, \mu_{G_n}) \text{ 单调递减}$$

$$(1.4.4)$$

根据引理 1.4.2(a)，$\Phi-$ 收敛等价于 $\Gamma-$ 收敛。因此，对任意的 $t$，我们有 $\Gamma_{G_n}(t) \to \Gamma_F(t)$，这可以推出

$$\Gamma_{G_n}^{-1}(w) - \Gamma_F^{-1}(w), \ \forall w \in (-\infty, \mu_F),$$

那么，由（1.4.4）有

$$\Gamma_G^{-1}(w) - \Gamma_F^{-1}(w) \ \text{关于} \ w \in (-\infty, \mu_F) \ \text{单调递减；}$$

即 $X \leq_{\text{ttt}} Y$。综上，该定理证毕。

## 五、封闭性质

### （一）关于卷积的封闭性质

我们首先回忆一下：随机变量 $Z$ 或其分布函数 $H$ 被称为 $PF_2$（2 阶 Pólya 频数），若 $Z$ 的密度函数或概率函数是 log - concave 的。$PF_2$ 是年龄中最强的概念，又称为似然比递增（ILR），关于 $PF_2$ 的详细讨论请参见 Barlow & Proschan (1975)，Block，Savits & Singh (1998)。

Hu et al. (2006) 解决了序 $\leq_{\text{ew}}$ 和 $\leq_{\text{lir}}$ 卷积封闭性的问题。他们得到的其中一个结论如下（也可参见 Shaked & Shanthikumar，2007，定理 3. C. 7）：

**事实 2. 5. 1.** 设 $(X_i, Y_i), i = 1, 2, \ldots, n$，是独立的随

机向量，并且对任意 $i = 1, 2, \ldots, n$，有 $X_i \leq_{\text{ew}} [\leq_{\text{lir}}] Y_i$。如果所有的 $X_i$ 和 $Y_i$ 均是 $\text{PF}_2$，则

$$\sum_{i=1}^{n} X_i \leq_{\text{ew}} [\leq_{\text{lir}}] \sum_{i=1}^{n} Y_{i.} \qquad (1.5.1)$$

建立 (1.5.1) 的关键一步是证明下面这个引理，它有助于证明本节中的序 $\leq_{\text{ttt}}$ 和 $\leq_{\text{dttt}}$ 的封闭性质。

**引理** 1.5.1. （Hu et al.，2006）设存在随机变量 $X$ 和 $Y$ 使得 $X \leq_{\text{ew}} [\leq_{\text{lir}}] Y$，若随机变量 $W$ 是 $\text{PF}_2$ 且与 $X$ 和 $Y$ 独立，则

$$X + W \leq_{\text{ew}} [\leq_{\text{lir}}] Y + W$$

接下来给出本节的一个主要定理。

**定理** 1.5.1. 设随机变量 $X, Y, Z$ 均值有限，满足 $X \leq_{\text{ttt}} [\leq_{\text{dttt}}] Y$。若 $W$ 是 $\text{PF}_2$ 且与 $X$ 和 $Y$ 独立，则

$$X + W \leq_{\text{ttt}} [\leq_{\text{dttt}}] Y + W$$

**证明：** 我们仅给出 $\leq_{\text{ttt}}$ 序的证明，$\leq_{\text{dttt}}$ 序的证明是类似的。假设 $X \leq_{\text{ttt}} Y$。由定理 $1.3.1'(a)$，存在独立于 $W$ 的随机变量 $Z$ 使得

$$X \geq_{\text{ew}} Z \leq_{\text{st}} Y, \ \mathbb{E}X = \mathbb{E}Z.$$

根据引理 1.5.1，有

$$X + W \geq_{\text{ew}} Z + W.$$

因为 $Z + W \leq_{\text{st}} Y + W$ 和 $\mathbb{E}(X + W) = \mathbb{E}(Z + W)$，再次利用定理 $1.3.1'$(a)，我们得出结论：$X + W \leq_{\text{ttt}} Y + W$。该定理证毕。

众所周知，$PF_2$ 分布类在卷积运算下封闭（参见 Dharmadhikari & Joag—dev，1988，p. 17）。鉴于此，反复应用定理 1.5.1 就会得到下面这个有趣的推论。

**推论 1.5.1.** 设 $(X_i, Y_i), i = 1, 2, \ldots, n$，是独立的随机向量，并且对任意 $i = 1, 2, \ldots, n$，有 $X_i \leq_{\text{ttt}} [\leq_{\text{dttt}}] Y_i$。如果所有的 $X_i$ 和 $Y_i$ 均是 $PF_2$，则

$$\sum_{i=1}^{n} X_i \leq_{\text{ttt}} [\leq_{\text{dttt}}] \sum_{i=1}^{n} Y_i. \qquad (1.5.2)$$

**（二）关于最小和最大的封闭性**

**定理 1.5.2.** 设随机变量序列 $\{X_1, X_2, \ldots, X_n\}$ 独立同

分布，$\{Y_1,Y_2,\cdots,Y_n\}$ 也是独立同分布的，且所有的均值有限。

（a）若 $X_1 \leq_{\text{ttt}} Y_1$ 且 $l_{X_1} > -\infty$，则

$$\min_{1\leq i\leq n} X_i \leq_{\text{ttt}} \min_{1\leq i\leq n} Y_i . \qquad (1.5.3)$$

（b）$X_1 \leq_{\text{dttt}} Y_1$ 且 $u_{X_1} < +\infty$，则

$$\max_{1\leq i\leq n} X_i \leq_{\text{dttt}} \max_{1\leq i\leq n} Y_i . \qquad (1.5.4)$$

**证明：**我们仅需给出（a）的证明，（b）是（a）的对偶情形。假设 $X_1 \leq_{\text{ttt}} Y_1$，分别记 $F$，$G$ 和 $F_{\min}$，$G_{\min}$ 为 $X_1$，$Y_1$，$\min_{1\leq i\leq n} X_i$ 和 $\min_{1\leq i\leq n} Y_i$ 的分布函数。注意到 $l_{Y_1} = G^{-1}(0) \geq F^{-1}(0) = l_{X_1}$ 是有限的，且

$$
\begin{aligned}
&T_{Y_1}(p) - T_{X_1}(p)\\
&= \int_{(0,1)} (G^{-1}(u) - F^{-1}(u))du\\
&\quad - \int_{(p,1)} (1-u)d(G^{-1}(u) - F^{-1}(u))\\
&= G^{-1}(0) - F^{-1}(0) + \int_{(0,1)} (1-u)d(G^{-1}(u) - F^{-1}(u))\\
&\quad - \int_{(p,1)} (1-u)d(G^{-1}(u) - F^{-1}(u))\\
&= G^{-1}(0) - F^{-1}(0) + \int_{(0,p]} (1-u)d(G^{-1}(u) - F^{-1}(u))
\end{aligned}
$$

$$= \int_{[0,p]} (1-u) d(G^{-1}(u) - F^{-1}(u)),$$

其中，$G^{-1} - F^{-1}$ 是区间 $[0,1]$ 上的一个测度，且 $(G^{-1} - F^{-1})(\{0\}) = l_{Y_1} - l_{X_1}$。因此，$X_1 \leq_{\mathrm{ttt}} Y_1$ 等价于

$$\int_{[0,p]} (1-u) d(G^{-1}(u) - F^{-1}(u)) \geq 0, \quad p \in (0,1),$$

$$(1.5.5)$$

欲证明 (1.5.3)，仅需要证明

$$\int_{[0,q]} (1-u) d(G_{\min}^{-1}(u) - F_{\min}^{-1}(u)) \geq 0, \quad p \in (0,1),$$

或者，等价地，

$$\int_{[0,q]} (1-v)^n d(G^{-1}(v) - F^{-1}(v)) \geq 0, \quad q \in (0,1),$$

$$(1.5.6)$$

由于 $l_{\min X_i} = l_{X_1}$，$l_{\min Y_i} = l_{Y_1}$，

$$F_{\min}^{-1}(u) = F^{-1}(1 - (1-u)^{1/n}),$$
$$G_{\min}^{-1}(u) = G^{-1}(1 - (1-u)^{1/n}), \quad u \in [0,1].$$

应用 Kochar et al.（2002）中定理 5.1 的类似的证明方法：利用 Barlow & Proschan（1975，p. 120）中的引理 7.1，我们就可以由（1.5.5）得到（1.5.6）。该定理证毕。

**注 1.5.1.** Kochar et al.（2002）在假设 $l_X = l_Y = 0$ 下建立了定理 1.5.2 中（a）的结论。

## 六、附录

**定理 1.2.4 的证明：** 因为（a）是（b）的对偶情况，故我们只需给出（b）的证明。这个证明是由 Kochar et al.（2002）中的定理 2.1 的证明修正得到的。这里我们取消限制条件：$l_X = l_Y = 0$ 和 $\phi(0) = 0$。假设 $X \leq_{\text{dttt}} Y$ 且 $\phi$ 是任意一个凸函数且单调递增，满足 $\mathbb{E}|\phi(X)| < +\infty$，$\mathbb{E}|\phi(Y)| < +\infty$，则 $\mathbb{E}X \geq \mathbb{E}Y$。令 $F$ 和 $G$ 分别表示 $X$ 和 $Y$ 的分布函数。首先我们注意到，若 $F$ 与 $G$ 不相同，且 $F - G$ 的符号不发生改变，那么 $\overline{F}(x) \geq \overline{G}(x)$，$x \in \Re$（否则，若 $\overline{F}(x) \geq \overline{G}(x)$，$x \in \Re$ 且至少在 $x_0$ 点不等式严格成立，那么 $\mathbb{E}X < \mathbb{E}Y$。这与 $\mathbb{E}X \geq \mathbb{E}Y$ 矛盾）。所以，我们有 $\phi(X) \geq_{\text{st}} \phi(Y)$，根据上面的命题 1.3.1，这意味着 $\phi(X) \leq_{\text{dttt}} \phi(Y)$。

我们假设 $F - G$ 的符号至少变化一次，依次记相交的点为 $(t_1, p_1), (t_2, p_2), \cdots$，其中 $t_1 > t_2 > \cdots$，$p_1 > p_2 >$

…,$(t_1,p_1)$ 是最后一个交点。在最后一个交点上，$F$ 必定从上向下穿过 $G$。事实上，如果 $F$ 于最后一个交点从下向上穿过 $G$，那么

$$G^{-1}(u) > F^{-1}(u), \quad u \in (p_1, 1).$$

因此，

$p^{-1} \int_p^1 [G^{-1}(u) - F^{-1}(u)] du$ 关于 $p \in (p_1, 1)$ 严格单调递减。

这与 (1.2.10) 矛盾。又根据 $F$ 和 $G$ 的连续性，可以得到对于任意的 $i$，$t_i = G^{-1}(p_i) = F^{-1}(p_i)$；见图 1-8：

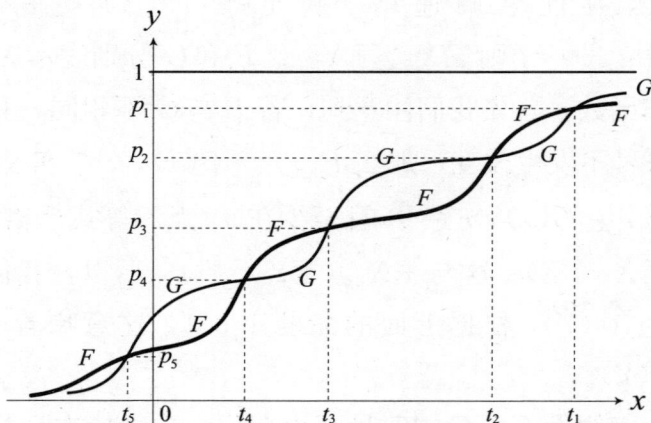

图 1-8 当 $F \leq_{\mathrm{dttt}} G$ 时，$F$ 与 $G$ 的典型图形

为简明起见，假设 $\phi$ 可导。令 $F_\phi$ 和 $G_\phi$ 分别表示 $\phi(X)$ 和 $\phi(Y)$ 的分布函数。那么

$$F_\phi(x) = F(\phi^{-1}(x)), G_\phi(x) = G(\phi^{-1}(x)), x \in \Re,$$

且

$$F_\phi^{-1}(p) = \phi(F^{-1}(p)), G_\phi^{-1}(p) = \phi(G^{-1}(p)), p \in (0,1).$$

注意到

$$D_X(p) = EX + \int_{-\infty}^{F^{-1}(p)} F(x)dx$$
$$= pF^{-1}(p) + \int_p^1 F^{-1}(u)du, \ p \in (0,1).$$

则

$$D_{\phi(X)}(p) = E[\phi(X)] + \int_{-\infty}^{F^{-1}(p)} F(x)\phi'(x)dx \qquad (1.5.7)$$
$$= p\phi(F^{-1}(p)) + \int_p^1 \phi(F^{-1}(u))du, p \in (0,1).$$
$$\qquad\qquad\qquad (1.5.8)$$

类似地，

$$D_Y(p) = pG^{-1}(p) + \int_p^1 G^{-1}(u)du,$$

$$D_{\phi(Y)}(p) = \mathbb{E}[\phi(Y)] + \int_{-\infty}^{G^{-1}(p)} G(x)\phi'(x)dx$$

$$(1.5.9)$$

$$= p\phi(G^{-1}(p)) + \int_p^1 \phi(G^{-1}(u))du, \, p \in (0,1).$$

$$(1.5.10)$$

首先考虑 $p \in [p_1, 1)$，则 $G^{-1}(u) \leq F^{-1}(u)$，$u \in [p_1, 1)$。因此，对任意的 $u \in [p_1, 1)$，有

$$\phi(F^{-1}(u)) - \phi(G^{-1}(u))$$
$$= \phi'(\zeta(u))[F^{-1}(u) - G^{-1}(u)]$$
$$\geq \phi'(t_1)[F^{-1}(u) - F^{-1}(u)],$$

其中 $\zeta(u) \in (G^{-1}(u), F^{-1}(u)) \subset (t_1, +\infty)$。最后一个不等号成立是利用中值定理和 $\phi'$ 是非负递增的。所以，

$$D_{\phi(X)}(p) - D_{\phi(Y)}(p)$$
$$= p[\phi(F^{-1}(p)) - \phi(G^{-1}(p))] + \int_p^1 [\phi(F^{-1}(u))$$
$$\quad - \phi(G^{-1}(u))]du$$
$$\geq p\phi'(t_1)[F^{-1}(p) - G^{-1}(p)] + \phi'(t_1)\int_p^1 [F^{-1}(u)$$

$$-G^{-1}(u)]du$$
$$= \phi'(t_1)[D_X(p) - D_Y(p)], \quad p \in [p_1, 1). \quad (1.5.11)$$

接下来，令 $p \in [p_2, p_1)$（这里若 $F-G$ 的符号确实变化一次，则 $p_2 = 0$）。那么，对于 $x \in (F^{-1}(p), t_1)$，成立 $F^{-1}(p) \leq G^{-1}(p)$ 和 $F(x) \geq G(x)$。利用等式 (1.5.7) 和 (1.5.9)，我们有

$$D_{\phi(X)}(p) - D_{\phi(Y)}(p)$$
$$= [D_{\phi(X)}(p_1) - D_{\phi(Y)}(p_1)]$$
$$+ \int_{G^{-1}(p)}^{G^{-1}(p_1)} G(x) \phi'(x)dx - \int_{F^{-1}(p)}^{F^{-1}(p_1)} F(x) \phi'(x)dx$$
$$= [D_{\phi(X)}(p_1) - D_{\phi(Y)}(p_1)] - \int_{F^{-1}(p)}^{G^{-1}(p)} F(x) \phi'(x)dx$$
$$- \int_{G^{-1}(p)}^{t_1} (F(x) - G(x)) \phi'(x)dx$$
$$\geq [D_{\phi(x)}(p_1) - D_{\phi(Y)}(p_1)]$$
$$- \phi'(t_1)\left[\int_{F^{-1}(p)}^{G^{-1}(p)} F(x)dx + \int_{G^{-1}(p)}^{t_1} (F(x) - G(x))dx\right]$$
$$\geqq \phi'(t_1)[D_X(p_1) - D_Y(p_1)]$$
$$- \phi'(t_1)\left[\int_{F^{-1}(p)}^{G^{-1}(p)} F(x)dx + \int_{G^{-1}(p)}^{t_1} (F(x) - G(x))dx\right]$$
$$= \phi'(t_1)[D_X(p) - D_Y(p)] \geq 0, \quad p \in [p_2, p_1). \quad (1.5.12)$$

最后一个不等式成立是根据 (1.5.11)。

类似于 (1.5.1) 的证明方法，可以证明，如果 $F-G$ 的符号至少变化两次，那么对于 $p \in [p_3，p_2)$，我们有

$$
\begin{aligned}
& D_{\phi(x)}(p) - D_{\phi(y)}(p) \\
&= p \big[ \phi(F^{-1}(p)) - \phi(G^{-1}(p)) \big] \\
&\quad + \int_{p_2}^{1} \big[ \phi(F^{-1}(u)) - \phi(G^{-1}(u)) \big] du \\
&\quad + \int_{p}^{p_2} \big[ \phi(F^{-1}(u)) - \phi(G^{-1}(u)) \big] du \\
&= \big[ D_{\phi(x)}(p_2) - D_{\phi(Y)}(p_2) \big] + p \big[ \phi(F^{-1}(p)) \\
&\quad - \phi(G^{-1}(p)) \big] + \int_{p}^{p_2} \big[ \phi(F^{-1}(u)) - \phi(G^{-1}(u)) \big] du \\
&\geq \big[ D_{\phi(X)}(p_2) - D_{\phi(Y)}(p_2) \big] + \phi'(t_3) \big[ pF^{-1}(p) - G^{-1}(p) \\
&\quad + \int_{p}^{p_2} (F^{-1}(u) - G^{-1}(u)) du \big] \\
&\geq \phi'(t_1) \big[ D_X(p_2) - D_Y(p_2) \big] \\
&\quad + \phi'(t_3) \Big[ pF^{-1}(p) - G^{-1}(p) + \int_{p}^{p_2} (F^{-1}(u) - G^{-1}(u)) du \Big] \\
&\geq \phi'(t_3) \big[ D_X(p) - D_Y(p) \big], p \in [p_3, p_2). \quad (1.5.13)
\end{aligned}
$$

因为 $F^{-1}(u) \geq G^{-1}(u), u \in [p_3, p_2)$ 其中，若 $F-G$ 的符号确实变化两次，则令 $p_3 = 0$ 和 $\phi'(t_3) = \lim_{t} \to \infty \phi'(t)$。由 (1.5.12)，最后两个不等式成立。更进一步地，如果的 $F-G$ 符号至少变化三次，综合利用 (1.5.13) 和 (1.5.12) 的证明思想，可以得到

$$D_{\phi(X)}(p) - D_{\phi(Y)}(p) \geq \phi'(t_3)[D_X(p) - D_Y(p)],$$
$$p \in [p_4, p_3),$$

其中，若 $F-G$ 的符号确实变化三次，则令 $p_4 = 0$。

一般来说，如果 $F-G$ 的符号至少变化 $i$ 次，那么

$$D_{\phi(X)}(p) - D_{\phi(Y)}(p) \geq \phi'(t_{\kappa(i)})[D_X(p) - D_Y(p)],$$
$$p \in [p_{i+1}, p_i),$$

其中

$$\kappa(i) = \begin{cases} i, & \text{若 } i \text{ 为奇数;} \\ i+1, & \text{若 } i \text{ 为偶数.} \end{cases}$$

如果 $F-G$ 的符号确实变化 $i$ 次，而且 $i$ 为偶数，那么，在 (1.5.14) 中，令 $p_{i+1} = 0$，$\phi'(t_{i+1}) = \lim\limits_{t \to \infty} \phi'(t)$。综合 (1.5.14) 和 $X \leq_{\text{dttt}} Y$，我们得到

$$D_{\phi(X)}(p) - D_{\phi(Y)}(p) \geq 0, p \in [p_{i+1}, p_i), i = 0, 1, 2, \ldots,$$

其中 $p_0 = 1$；这也意味着

$$D_{\phi(X)}(p) \geq D_{\phi(Y)}(p), \forall p \in (0, 1).$$

因此，$\phi(X) \leq_{\text{dttt}} \phi(Y)$。该定理证毕。

# 第二章
# 通常次序统计量的随机比较

通常次序统计量是广义次序统计量在参数 $k = 1, \tilde{m}_n = (0, \cdots, 0)$ 时的特殊情形。在通常次序统计量的研究中，我们主要关注的是基于独立同分布样本的情形。用 $X_{1:n} \leq X_{2:n} \leq \cdots \leq X_{n:n}$ 表示 $n$ 个独立同分布的随机变量 $X_1, X_2, \cdots, X_n$ 所产生的来自 $X$ 一样本的通常次序统计量，设 $X$ 与 $X_1$ 同分布，共同的支撑集为 $\Re_+ \equiv [0, \infty)$。对任意固定的正整数 $k, k \leq n$，我们用 $X_{k:n}$ 表示第 $k$ 个（通常）次序统计量。假设 $X_1, X_2, \cdots, X_n$ 具有绝对连续的分布函数 $F$ 和密度函数 $f$，则通常次序统计量 $(X_{1:n}, \cdots, X_{n:n})$ 所具有的联合概率密度函数为

$$f_{X_{1:n}, \cdots, X_{n:n}}(x_1, \cdots, x_n) = n! \prod_{i=1}^{n} f(x_i),$$
$$0 \leq x_1 \leq \cdots \leq x_n.$$

随机序被用于研究可靠性理论中的关联系统的结构及其相关性质。所谓关联系统，是指系统的结构具有单调性（即系统失效元件越少，可靠性就越高）且元件彼此相关（元件是否工作影响系统的可靠性）。我们最为熟知 $n$ 中取 $k$ 系统是一个非常流行的纠错结构，且已被广泛地应用于

电子工程、航空工业以及武器制造业等行业中。所谓的 $n$ 中取 $k$ 系统，是指由 $n$ 个元件组成的，系统工作当且仅当至少有 $k$ 个元件正常工作。特别地，并联系统和串联系统分别为 $n$ 中取 1 系统和 $n$ 中取 $n$ 系统。考虑一个 $n$ 中取 $k$ 系统，其 $n$ 个元件之间是同一型号的（因而寿命变量同分布），且相互独立地工作，设第 $i$ 个元件的寿命为 $X_i, i = 1, \cdots, n$，我们通常借助元件寿命的第 $n-k+1$ 个通常次序统计量 $X_{n-k+1:n}$ 来表示系统的寿命。有关 $n$ 中取 $k$ 系统更详细的论述，请参阅 Kuo & Zuo（2002）。

在可靠性理论中，常常通过分配冗余元件来强化系统的可靠性。一般来说，分配方式分为两类：热分配和冷贮备。所谓热分配，即将冗余元件与工作元件并联，在系统运行时，与工作元件同时开始工作；而冷贮备是指冗余元件一直处于贮备状态直至工作元件失效才开始工作。换句话说，热分配归结为对随机变量取最大；而冷贮备则是对随机变量作卷积运算。Cha et al.（2008）考虑了广义贮备分配方式，这是一种介于冷贮备与热分配之间的分配方式。在广义贮备系统中，冗余元件处于较为温和的环境中，具体来说，此情形下，效率小于处于正常环境时的取值但不会退减为零。关于广义贮备更详细的论述，请参阅 Cha et al.（2008）及 Li et al.（2009，2012）等。在工业可靠性与安全理论中，研究者常常通过组合优化方法研究系统的冗余分配问题。例如，Nakagawa & Nakashima（1977），Coit & Smith（1996），Heieh（2002），Ha & Kuo（2005），Liang & Chen（2007）。而在应用概率统计中，研究者则利用"随机序"来比较分配策略，从而找到最优的分配策略。

对于冗余元件分配问题的研究，根据研究对象的不同，大致可分为基于系统结构的分配和基于系统元件的分配。所谓基于系统结构的分配，是指在给定系统结构的情形下考虑如何将元件归位，从而最大化系统的可靠性。这方面的研究最早由 Derman et al.（1974）提出，有关更多基于系统结构的冗余分配的研究，可参阅 Derman et al.（1981），El - Neweihi et al.（1986），Boland et al.（1989），Meng（1995），Mi（1999），Bhattacharya & Samaniego（2008）等。而基于元件的分配，是指将冗余备件分配给系统中的工作元件。Barlow & Proschan（1981）最早探讨了这个问题他们指出，在热分配方式下，对于关联系统元件水平的冗余分配在普通序意义下优于系统水平的冗余分配。之后，Boland & El - Neweihi（1995），Singh & Singh（1997b），Kochar et al.（1999），Misra et al.（2009），Da et al.（2012）等考虑了更强的随机序关系。而对于冷贮备分配方式，Shen & Xie（1991）与 Kumar（1995）则研究了同样的问题。不同于上述文献所做的工作，Boland et al.（1988）利用"冗余重要度"redundancy importance）的概念研究了如何将有限的冗余元件分配给 $n$ 中取 $k$ 系统从而提高系统的可靠性。随后 Boland et al.（1991，1992）利用通常随机序，考虑将一个备件分配给 $n$ 中取 $k$ 系统的问题。而几乎同时，Shaked & Shanthikumar（1992）基于通常随机序考察了将 $k$ 个冗余元件分配给串联系统的最优分配策略。他们的研究都涉及了热分配与冷贮备两种分配方式。对于其他分配方案的随机比较，读者可参阅 Romera et al. （2004），Valdes & Zequeira （2006），Li et al. （2011），Misra et al. （2011）等。

本章我们将聚焦于通常次序统计量在一维 $n$ 中取 $k$ 系统下冗余元件的热分配，非齐次随机变量对应的次序统计量的随机比较，$n$ 中取 $k$ 系统的冷储备以及在多维似然比序意义下的随机比较问题。

## 一、常见的随机序

在本节中，我们给出本章将要用到的几种常见的一维（多维）随机序定义。鉴于随机序是一类特殊的偏序，因此我们首先回顾一下偏序的定义。

**定义** 2.1.1. 对任意的一个集合 $S$，称其上定义的一个二元关系 $\leq$ 为偏序，如果这一个二元关系满足下面的三个条件：

（1）自反性：对 $S$ 中任意的元素 $x$，有 $x \leq x$；

（2）传递性：如果 $x \leq y$，且 $y \leq z$，则 $x \leq z$；

（3）反对称性：如果 $x \leq y$，$y \leq x$，则 $x = y$。

当集合 $S$ 是所有取实数值的随机变量的分布函数所构成的集合（或适当的子集）时，$S$ 上所定义的偏序就称为随机序。通常，我们并不严格区分是分布函数之间的序关系，还是与其对应的随机变量之间的序关系。因此，为了方便起见，我们在整篇文章中约定：若随机变量 $X$ 和 $Y$ 的分布函数分别为 $F$ 和 $G$，记号 $X \leq Y$ 和 $F \leq G$ 不做严格区分，可根据情况互相代替。但是，值得注意的是，由于不同的随机变量可能对应相同的分布，因此，关系 $\leq$ 作为分布之间的关系时具有反对称性，但其作为随机变量的关系时并不具有反对称性。

（一）一维随机序

首先，我们给出几种常用的一维随机序的定义。

**定义** 2.1.2. (Shaked & Shanthikumar，2007) 假设随机变量 $X$ 和 $Y$ 的分布函数分别为 $F$ 和 $G$。我们称

（1）$X$ 在通常随机序意义下小于 $Y$，记作 $X \leq_{st} Y$，若对任取的 $x$，$\overline{F}(x) \leq \overline{G}(x)$，或者等价地，对任意递增函数 $h$，$\mathbb{E}[h(X)] \leq \mathbb{E}[h(Y)]$；

（2）$X$ 在失效率序意义下小于 $Y$，记为 $X \leq_{hr} Y$，若 $\overline{G}(t) / \overline{F}(t)$ 关于 $t$ 递增；

（3）$X$ 在反向失效率序意义下小于 $Y$，记为 $X \leq_{rh} Y$，若 $G(t) / F(t)$ 关于 $t$ 递增；

（4）$X$ 在似然比序意义下小于 $Y$，记为 $X \leq_{lr} Y$，若 $X$ 和 $Y$ 分别有密度函数（或概率质量函数）$f$ 和 $g$，且 $g(t)/f(t)$ 关于 $t$ 递增。

定义 2.1.2 中的四种序 $\leq_{st}$，$\leq_{hr}$，$\leq_{rh}$，$\leq_{lr}$ 是用来比较随机变量的大小的。如果随机变量 $X$ 的密度函数为 $f$，则其失效率函数 $\lambda_X(\cdot)$ 和反向失效率函数 $\eta_X(\cdot)$ 分别定义为：

$$\lambda_X(t) = \lim_{\Delta t \to 0} \frac{P(t < X \leq t + \Delta t \mid X \geq t)}{\Delta t} = \frac{f(t)}{\overline{F}(t)},$$
$$t \in \{x: \overline{F}(x) > 0\},$$
$$\eta_X(t) = \lim_{\Delta t \to 0} \frac{P(t - \Delta t < X \leq t \mid X \leq t)}{\Delta t} = \frac{f(t)}{F(t)},$$
$$t \in \{x: F(x) > 0\}.$$

若 $X$ 和 $Y$ 皆有失效率函数 $\lambda_X(\cdot)$ 和 $\lambda_Y(\cdot)$，则 $X \leq_{rh} Y$ 等价于 $\lambda_X(t) \geq \lambda_Y(t)$，$\forall t$。若 $X$ 和 $Y$ 皆有反向失效率函数 $\eta_X(\cdot)$ 和 $\eta_Y(\cdot)$，则 $X \leq_{hr} Y$ 等价于 $\eta_X(t) \leq \eta_Y(t)$，$\forall t$。

在经济学文献中，序 $\leq_{st}$ 通常被称作一阶随机控制，并记为 $\leq_{FSD}$。以上几种序的性质及其应用可参见 Müller & Stoyan（2002）和 Shaked & Shanthikumar（2007）。序 $\leq_{lr}$，$\leq_{hr}$，$\leq_{rh}$ 和 $\leq_{st}$ 之间有如下的关系：

$$X \leq_{lr} Y \Rightarrow X \leq_{hr} Y$$
$$\Downarrow \qquad\qquad \Downarrow$$
$$X \leq_{rh} Y \Rightarrow X \leq_{st} Y$$

## （二） 多维随机序

我们介绍常用的三种多维似然比序的定义。多维通常

65

随机序的定义如下：

**定义** 2.1.3. 设 $\mathbf{X}=(X_1,\ldots,X_n)$ 和 $\mathbf{Y}=(Y_1,\ldots,Y_n)$ 为两个 $n$ 维随机向量。若对所有的单调递增函数 $\Phi\colon \mathfrak{R}^n \to \mathfrak{R}$，均有

$$\mathbb{E}[\Phi(\mathbf{X})] \leq \mathbb{E}[\Phi(\mathbf{Y})], \tag{2.1.1}$$

则称 $\mathbf{X}$ 在多维通常随机序意义下小于 $\mathbf{Y}$，记为 $\mathbf{X} \leq_{\text{st}} \mathbf{Y}$。

为了给出多维失效率的定义，我们先引进一些记号。对任意 $n$ 维向量 $\mathbf{x}$，记 $\mathbf{x}_I = \{x_{i_1},\ldots,x_{i_k}\}$，其中，集合 $I = \{i_1,\ldots,i_k\} \subseteq \{1,\ldots,n\}$，$\bar{I}$ 表示 $I$ 在 $\{1,\ldots,n\}$ 中的余集。对随机向量 $\mathbf{X}, \mathbf{X}_I$ 的解释类似。记 $e=(1,\ldots,1)$，本书中，它的维数在不同的表达式中可能不同。设 $\mathbf{X}=(X_1,\ldots,X_n)$ 是非负随机向量，绝对连续。我们不妨把 $X_1,\ldots,X_n$ 看作构成某个系统的 $n$ 个元件 $\{1,\ldots,n\}$ 的寿命。假定一个观测者连续地观测系统，并记录失效的元件个数以及失效的元件，那么该观察者到时刻 $t \geq 0$ 为止观察到的典型历史 $h_t$ 具有下列形式：

$$h_t = \{\mathbf{X}_I = \mathbf{t}_I,\ \mathbf{X}_{\bar{I}} > t e\},\ 0e \leq \mathbf{t}_I \leq t e$$

其中 $I = \{i_1,\ldots,i_k\} \subseteq \{1,\ldots,n\}$ 表示 $t$ 时刻前失效的元件

的集合，Ī 则表示在 $t$ 时刻仍然存活的元件的集合。

在给定上述的历史 $h_t$，那么对任意 $i \in \bar{I}$，我们定义它在时刻 $t$ 的动态条件失效率为：

$$\eta_{i|I}(t \mid \mathbf{t}_I) = \lim_{\Delta t \to 0^+} \frac{1}{\Delta t} P(t < X_i \leq t + \Delta t \mid h_t).$$

下面我们给出多维失效率序的定义。

**定义 2.1.4.** 设 $n$ 维非负随机向量 $\mathbf{X}$ 和 $\mathbf{Y}$ 分别具有动态条件失效率 $\eta_{\cdot|\cdot}(\bullet|\bullet)$ 和 $\lambda_{\cdot|\cdot}(\bullet|\bullet)$。我们称 $\mathbf{X}$ 在多维失效率序意义下小于 $\mathbf{Y}$，记为 $\mathbf{X} \leq_{hr} \mathbf{Y}$，如果

$$\eta_{i|I \cup J}(u \mid \mathbf{s}_{I \cup J}) \geq \lambda_{i|I}(\mathbf{u} \mid \mathbf{t}_I), \quad \forall i \in \overline{I \cup J}, \qquad (2.1.2)$$

其中 $I \cap J = \phi$，$0 \leq \mathbf{s}_I \leq \mathbf{t}_I \leq u\mathbf{e}$，$0 \leq \mathbf{s}_J \leq u\mathbf{e}$。

**定义 2.1.5.** 设 $\mathbf{X}$ 和 $\mathbf{Y}$ 是 $n$ 维随机向量（不必非负），分别具有密度函数 $f_{\mathbf{X}}(\mathbf{x})$ 和 $f_{\mathbf{Y}}(\mathbf{y})$。若对任意的 $\mathbf{x}=(x_1, \cdots, x_n) \in \Re^n$，$\mathbf{y}=(y_1, \cdots, y_n) \in \Re^n$，有

$$f_{\mathbf{X}}(\mathbf{x}) f_{\mathbf{Y}}(\mathbf{y}) \leq f_{\mathbf{X}}(\mathbf{x} \wedge \mathbf{y}) f_{\mathbf{Y}}(\mathbf{x} \vee \mathbf{y}), \qquad (2.1.3)$$

其中

$$\mathbf{x} \wedge \mathbf{y} = (x_1 \wedge y_1, \cdots, x_n \wedge y_n),$$
$$\mathbf{x} \vee \mathbf{y} = (x_1 \vee y_1, \cdots, x_n \vee y_n),$$

则称 $\mathbf{X}$ 在多维似然比序意义下小于 $\mathbf{Y}$，记为 $\mathbf{X} \leq_{\mathrm{lr}} \mathbf{Y}$。

在更一般的情形下，对非负随机向量 $\mathbf{X} = (X_1, \cdots, X_n)$ 和 $\mathbf{Y} = (Y_1, \cdots, Y_n)$，某些 $X_i$ 可能是 0，剩下部分的联合分布是绝对连续或离散的。不失一般性，我们假定 $X_1 = \cdots = X_m$，$0 < m < n$，记 $\widetilde{f}_{\mathbf{X}}$ 为 $(X_{m+1}, \cdots, X_n)$ 的联合密度函数或联合概率质量函数。在这种情形下，我们称 $\mathbf{X} \leq_{\mathrm{lr}} \mathbf{Y}$，若对任意 $\mathbf{x} = (x_{m+1}, \cdots, x_n) \in \mathfrak{R}^{n-m}$，$\mathbf{y} = (y_1, \cdots, y_n) \in \mathfrak{R}^n$，

$$\widetilde{f}_{\mathbf{X}}(\mathbf{x}) \, f_{\mathbf{Y}}(\mathbf{y}) \leq \widetilde{f}_{\mathbf{X}}(\mathbf{x} \wedge (y_{m+1}, \cdots, y_n))$$
$$\cdot f_{\mathbf{Y}}(y_1, \cdots, y_m, x_{m+1} \vee y_{m+1}, \cdots, x_n \vee y_n).$$

多维随机序也有类似于一维随机序的强弱关系：

$$\mathbf{X} \leq_{\mathrm{lr}} \mathbf{Y} \Rightarrow \mathbf{X} \leq_{\mathrm{hr}} \mathbf{Y} \Rightarrow \mathbf{X} \leq_{\mathrm{st}} \mathbf{Y}, \qquad (2.1.4)$$

且这种蕴涵关系是严格的。另外，多维 $\leq_{\mathrm{lr}}$ 有如下性质

$$\mathbf{X} \leq_{\mathrm{lr}} \mathbf{Y} \Rightarrow X_i \leq_{\mathrm{lr}} Y_i, \; i = 1, \cdots, n, \qquad (2.1.5)$$

即多维似然比序对边际运算是封闭的。

（三）超优序

在概率统计中，"超优"（Majorization）是一个非常重要的概念。超优序用于比较两个实向量之间的变异性（参见 Marshall & Olkin，1979，第 1 章）。固定 $n \geq 2$，设 $\mathbf{x} = (x_1, \cdots, x_n) \in \Re^n$ 和 $\mathbf{y} = (y_1, \cdots, y_n) \in \Re^n$。$x_{[1]} \geq x_{[2]} \geq \cdots \geq x_{[n]}$ 和 $y_{[1]} \geq y_{[2]} \geq \cdots \geq y_{[n]}$ 分别为 $\mathbf{x}$ 和 $\mathbf{y}$ 的分量由大到小的有序排列。若

$$\sum_{i=1}^{n} x_i = \sum_{i=1}^{n} y_i \qquad (2.1.6)$$

且

$$\sum_{i=1}^{k} x_{[i]} \leq \sum_{i=1}^{k} y_{[i]}, \quad k = 1, \cdots, n-1, \qquad (2.1.7)$$

那么我们称 $\mathbf{y}$ 超优于 $\mathbf{x}$，记作 $\mathbf{x} <_m \mathbf{y}$。若 $\mathbf{x}$ 和 $\mathbf{y}$ 满足

$$\sum_{i=k}^{n} x_{[i]} \geq \sum_{i=k}^{n} y_{[i]}, \quad k = 1, \cdots, n, \qquad (2.1.8)$$

则称 $\mathbf{y}$ 上弱超优于 $\mathbf{x}$，记作 $\mathbf{x} \prec^w \mathbf{y}$。

注意：在条件（2.1.6）之下，条件（2.1.7）与条件

(2.1.8) 是相互等价的。以下是几组常见的向量，满足超优序。

(1) $\left(\dfrac{1}{n}, \cdots, \dfrac{1}{n}\right) <_{\mathrm{m}} \left(\dfrac{1}{n-1}, \cdots, \dfrac{1}{n-1}, 0\right) <_{\mathrm{m}} \cdots$

$<_{\mathrm{m}} \left(\dfrac{1}{2}, \dfrac{1}{2}, 0, \cdots, 0\right) <_{\mathrm{m}} (1, 0, \cdots, 0).$

(2) $\left(\dfrac{1}{n}, \cdots, \dfrac{1}{n}\right) <_{\mathrm{m}} (a_1, a_2, \cdots, a_n) <_{\mathrm{m}} (1, 0, \cdots, 0),$

其中 $a_i \geq 0$ 满足 $\sum\limits_{i=1}^{n} a_i = 1$.

(3) 对任意 $\mathbf{a} \in \Re_+^n$, 有 $\mathbf{a} <_{\mathrm{m}} (\sum_{i=1}^n a_i, \ 0, \cdots, 0)$.

(4) 对任意 $\mathbf{a} \in \Re^n$, 有 $(\bar{a}, \bar{a}, \cdots, \bar{a}) <_{\mathrm{m}} \mathbf{a}$, 其中 $\bar{a} = (1/n) \sum_{i=1}^n a_i$.

下面介绍 Schur 函数的定义。

函数 $\phi : \Re^n \to \Re$ 称为 Schur－凸 ［Schur－凹］，若 $\mathbf{x} <_{\mathrm{m}} \mathbf{y}, \mathbf{x}, \mathbf{y} \in \Re^n$, 可推出 $\phi(\mathbf{x}) \leq [\geq] \phi(\mathbf{y})$。

注意到一个 Schur 函数具有置换不变性。一个置换对称可微函数是 Schur－凹的充分必要条件是：

$$\left(\dfrac{\partial \phi(\mathbf{x})}{\partial x_i} - \dfrac{\partial \phi(\mathbf{x})}{\partial x_j}\right)(x_i - x_j) \leq 0, \forall \mathbf{x} \in \Re, i \neq j.$$

$$(2.1.9)$$

将这个不等式反向则是 Schur－凸函数的充要条件（参见

Marshall & Olkin，1979，p. 57）。关于超优序及其应用的详细讨论，请参阅 Marshall & Olkin（1979）。

本章将在第二节讨论 $n$ 中取 $k$ 系统中冗余元件的热分配问题，在第三节研究非齐次随机变量对应的次序统计量的多维随机比较问题，在第四节考虑 $n$ 中取 $k$ 系统中冗余元件的冷储备问题，在第五节研究条件次序统计量在多维似然比序意义下的随机比较。

## 二、$n$ 中取 $k$ 系统冗余元件的热分配

Shaked & Shanthikumar（1992）和 Singh & Singh（1997a）分别在通常随机序与失效率序意义下考虑了将 $K$ 个冗余元件热分配到由 $n$ 个独立同分布元件组成的串联系统的最优分配问题。在这一节中，我们分别对 $n$ 中取 $k$ 系统和串联系统进行研究。通过平衡冗余元件的热分配，可以随机增加分配后的 $n$ 中取 $k$ 系统的寿命。而且当元件个数 $n = 2$ 时，对于系统的反向失效率函数存在一个最优的分配策略。

### （一）研究背景

在可靠性理论中，如何分配冗余元件使得系统的寿命最优是一个很重要的问题。分配冗余元件常用的两种方法是热分配和冷储备。前者归结为对几个随机变量取极大，后者则是进行加法运算。Shaked & Shanthikumar（1992）研究了将 $K$ 个冗余元件热分配到一个串联系统中的问题，

其中，该系统中元件与冗余元件的寿命是独立同分布的随机变量。设 $\mathbf{k} = (k_1, \ldots, k_n)$ 是一个分配向量，满足 $\sum_{i=1}^{n} k_i = K$，即对任意 $i$，将 $k_i$ 个冗余元件并联于系统的第 $i$ 个元件上。令 $T_s(\mathbf{k})$ 表示分配之后的串联系统的寿命。Shaked & Shanthikumar（1992）证明了

$$\mathbf{k} <_{\mathrm{m}} \mathbf{k}' \Rightarrow T_s(\mathbf{k}') \leq_{\mathrm{st}} T_s(\mathbf{k}). \qquad (2.2.1)$$

Singh & Singh（1997a）考虑到失效率函数对于描述系统失效行为的重要性，给出了以下的结果，加强了 (2.2.1)：

$$\mathbf{k} <_{\mathrm{m}} \mathbf{k}' \Rightarrow T_s(\mathbf{k}') \leq_{\mathrm{hr}} T_s(\mathbf{k}). \qquad (2.2.2)$$

这一部分的研究内容主要分为两方面，第一个方面是对 (2.2.1) 进行扩展：由串联系统的情形扩展到 $n$ 中取 $k$ 系统。令 $\tau_{r|n}(\mathbf{k})$ 表示一个 $n$ 中取 $k$ 的寿命，这个系统的 $K$ 个冗余元件的热分配向量是 $\mathbf{k}$，其中，系统元件与冗余元件的寿命是独立同分布的。我们证明了对任意的 $r$，$1 \leq r \leq n$，

$$\mathbf{k} <_{\mathrm{m}} \mathbf{k}' \Rightarrow \tau_{r|n}(\mathbf{k}') \leq_{\mathrm{st}} \tau_{r|n}(\mathbf{k}) \qquad (2.2.3)$$

证明将在第（二）部分中给出。关于 $n$ 中取 $k$ 系统或关联

系统中冗余元件热分配的其他比较结果，有兴趣的读者可以参考 Meng（1996），Singh & Singh（1997b），Mi（1999），及他们的参考文献中的详细讨论。另一方面，众所周知，反向失效率函数在可靠性理论和统计模型中起着越来越重要的作用［参见 Block，Savits & Singh（1998），Chandra & Roy（2001）等］，反向失效率序与失效率序是平行的，所以很自然地就会考虑（2.2.1）在反向失效率序意义下是否成立？这是本节研究的第二个方面。我们证明了，当 $n = 2$ 时，

$$\mathbf{k} <_m \mathbf{k}' \Rightarrow T_s(\mathbf{k}') \leq_{rh} T_s(\mathbf{k}) \tag{2.2.4}$$

同时，我们会给出一个反例说明：当 $n > 2$ 时，（2.2.4）式并不成立。反例和证明将会在第（三）部分中给出。

（二）$n$ 中取 $k$ 系统的最优分配

为了证明本节的主要结论，我们首先给出下面两个引理。第一个引理来自 Proschan & Sethuraman（1976）。他们研究了一个比例失效模型，并给出了一个条件。在这个条件下，来自一个样本的次序统计量组成的向量随机大于来自另外一个样本的次序统计量组成的向量。这里我们将随机变量 $Y_1, \dots, Y_n$ 的（通常）次序统计量记作 $Y_{1:n} \leq Y_{2:n} \leq \dots \leq Y_{n:n}$。

**引理** 2.2.1. （比例失效模型） 设 $\{X_1, \cdots, X_n\}$, $\{Y_1, \cdots, Y_n\}$ 为独立非负的随机变量序列，它们的生存函数如下：

$$P(X_i > t) = \exp\{-\lambda_i R(t)\}, \quad i = 1, \cdots, n,$$
$$P(Y_i > t) = \exp\{-\mu_i R(t)\}, \quad i = 1, \cdots, n,$$

其中，$\lambda_1, \cdots, \lambda_n$ 与 $\mu_1, \cdots, \mu_n$ 是正的常数，$R(t)$ 是累积失效率函数，则

$$(\lambda_1, \cdots, \lambda_n) <_m (\mu_1, \cdots, \mu_n)$$
$$\Rightarrow (X_{1:n}, \cdots, X_{n:n}) \leq_{st} (Y_{1:n}, \cdots, Y_{n:n}).$$

事实上，Hu（1995，1996）在相同的条件 $(\lambda_1, \cdots, \lambda_n)$ $<_m (\mu_1, \cdots, \mu_n)$ 下得到了引理 2.2.1 中的次序统计量的单调耦合性质；也就是说，在相同的概率空间 $(\Omega, \mathscr{F}, P)$ 上，存在随机变量序列 $\{X'_1, \cdots, X'_n\}$ 和 $\{Y'_1, \cdots, Y'_n\}$，使得

$$(X'_1, \cdots, X'_n) \stackrel{st}{=} (X_1, \cdots, X_n),$$
$$(Y'_1, \cdots, Y'_n) \stackrel{st}{=} (Y_1, \cdots, Y_n),$$
$$X'_{i:n} \leq Y'_{i:n} \ a.s. \ , i = 1, \cdots, n,$$

其中 $\stackrel{st}{=}$ 表示依分布相等。

我们可以用不同的方法得到在比例反失效模型中的如下的相应结论。

**引理 2.2.2.** （比例反失效模型）设 $\{X_1, \cdots, X_n\}$ 和 $\{Y_1, \cdots, Y_n\}$ 为独立非负的随机变量序列，分布函数如下：

$$P(X_i \leq t) = \exp\{-\lambda_i S(t)\}, \qquad i = 1, \cdots, n$$
$$P(Y_i \leq t) = \exp\{-\mu_i S(t)\}, \qquad i = 1, \cdots, n,$$

其中 $\lambda_1, \cdots, \lambda_n$ 和 $\mu_1, \cdots, \mu_n$ 是正的常数，且 $S(t)$ 是累积反失效率函数，那么

$$(\lambda_1, \cdots, \lambda_n) \prec_{\mathrm{m}} (\mu_1, \cdots, \mu_n)$$
$$\Rightarrow (X_{1:n}, \cdots, X_{n:n}) \geq_{\mathrm{st}} (Y_{1:n}, \cdots, Y_{n:n}).$$

**证明：** 不失一般性，我们假设 $S(t)$ 是连续的（否则可以通过极限论证）。定义

$$\widetilde{X}_i = \frac{1}{X_i}, \widetilde{Y}_i = \frac{1}{Y_i}, \forall\, i = 1, \cdots, n \qquad (2.2.5)$$

易证，对于任意的 $t \in \Re_+$，

$$P(\widetilde{X}_i > t) = \exp\left\{-\lambda_i S\left(\frac{1}{t}\right)\right\}, i = 1, \cdots, n,$$

$$P(\widetilde{Y}_i > t) = \exp\left\{-\mu_i S\left(\frac{1}{t}\right)\right\}, i = 1, \cdots, n.$$

这也就是说，$\{X_1, \cdots, X_n\}$ 和 $\{Y_1, \cdots, Y_n\}$ 的分布函数满足比例失效模型，其中，$R(t) = S(1/t), t > 0$。根据引理 2.2.1，我们有

$$(\lambda_1, \cdots, \lambda_n) \prec_m (\mu_1, \cdots, \mu_n)$$
$$\Rightarrow (\widetilde{X}_{1:n}, \cdots, \widetilde{X}_{n:n}) \leq_{st} (\widetilde{Y}_{1:n}, \cdots, \widetilde{Y}_{n:n}).$$

这蕴含着

$$(X_{1:n}, \cdots, X_{n:n}) \geq_{st} (Y_{1:n}, \cdots, Y_{n:n}).$$

该引理证毕。

引理 2.2.2. 是一个新的观点，它可以被用于在中取系统中将 $K$ 个冗余元件热分配到 $n$ 个节点的最优分配问题。

定理 2.2.1. 令 $\tau_{r|n}(\mathbf{k})$ 表示将 $K$ 个冗余元件按向量 $\mathbf{k} = (k_1, \cdots, k_n)$ 热分配到一个 $n$ 中取 $k$ 系统后组成的新系统的寿命，其中，系统元件和冗余元件的寿命是独立同分布的。若 $\mathbf{k} \prec_m \mathbf{k}'$，则

$$\tau_{r|n}(\mathbf{k}') \leq_{st} \tau_{r|n}(\mathbf{k}) , \qquad r = 1, \dots, n.$$

**证明**：假设系统元件具有共同的分布函数 $F$，若将 $k_i$ 个冗余元件热分配在节点 $i$ 后，记 $X_i(k_i)$ 为新系统中第 $i$ 个节点（或第 $i$ 个元件）的寿命，则 $X_i(k_i)$ 的寿命分布如下：

$$P(X_i(k_i) \leq t) = [F(t)]^{k_i} = \exp\{-k_i\, S(t)\},$$
$$i = 1, \dots, n,$$

其中 $S(t) = -\log F(t)$ 是 $F$ 的累积反失效率函数。因此，$\{X_1(k_1), \dots, X_n(k_n)\}$ 满足引理 2.2.2 中的比例反失效模型。注意到对每个 $\mathbf{k}$，$\tau_{r|n}(\mathbf{k})$ 是 $\{X_1(k_1), \dots, X_n(k_n)\}$ 的第 $(n-r+1)$ 个次序统计量。因此，由引理 2.2.2，我们就可以得到欲证明的结果。该定理证毕。

定理 2.2.1. 阐述了这样的结果：对于每个 $r$，通过平衡热分配冗余元件，我们可以使 $n$ 中取 $k$ 系统寿命在随机意义下最大化。

**（三）串联系统的最优分配**

令 $T_s(\mathbf{k})$ 表示如第二章第二节第（一）部分中所描述的具有分配向量 $\mathbf{k}$ 的串联系统的寿命，且令 $F$ 与 $f$ 分别表示元件的分布函数和密度函数。那么，对任意的 $x \geq 0$，$T_s(\mathbf{k})$ 的生存函数为

$$\overline{F}_{T_s(\mathbf{k})}(x) = \prod_{i=1}^{n}\left(1 - F^{k_i+1}(x)\right),$$

$T_s(\mathbf{k})$ 的反向失效率函数为

$$\eta_{T_s(k)}(x) = \frac{\sum\limits_{i=1}^{n}(k_i+1)F^{k_i(x)}f(x)\prod\limits_{j\neq i}\left(1 - F^{k_j+1}(x)\right)}{1 - \prod\limits_{i=1}^{n}\left(1 - F^{k_i+1}(x)\right)}.$$

因此，欲得到（2.2.4），只需要证明 $\eta_{T_s}(\mathbf{k})(x)$ 对任意满足 $F(x) > 0$ 的 $x \in \Re_+$ 关于 $\mathbf{k}$ 是 Schur—凹的，或者等价地，证明函数 $\phi_a(\mathbf{k})$ 对任意 $a \in (0,1]$ 关于 $\mathbf{k}$ 是 Schur—凹的，其中

$$\phi_a(\mathbf{k}) = \frac{\sum\limits_{i=1}^{n}(k_i+1)a^{k_i}\prod\limits_{j\neq i}\left(1 - a^{k_j+1}\right)}{1 - \prod\limits_{i=1}^{n}\left(1 - a^{k_i+1}\right)}, \, a \in (0,1].$$

$$(2.2.6)$$

我们首先给出一个结果，这个结果描述了对一个具有两个节点（元件）的串联系统，

$$(k_1,k_2) \prec_{\mathrm{m}}(k_1',k_2') \Rightarrow T_s(k_1',k_2') \leq_{\mathrm{rh}} T_s(k_1,k_2).$$

$$(2.2.7)$$

因此，为了最优化该系统的反向失效率函数，冗余元件的分配必须尽可能的在两个节点（元件）中平衡。

**定理** 2.2.2. 令 $T_s(\mathbf{k})$ 表示对应于分配向量 $\mathbf{k}$ 后的新系统，该系统的初始元件与冗余元件的寿命是独立同分布的。则，对于 $n = 2$，反向失效率函数 $\eta_{T_s(\mathbf{k})}(x)$ 对任意 $x \in \mathfrak{R}_+$ 关于 $k = (k_1, k_2)$ 是 Schur 凹的。

**证明：** 由 (2.2.6)，仅需要证明对每个固定的 $a \in (0,1]$，

$$\phi_a(x,y) = \frac{(x+1)a^x(1-a^{y+1}) + (y+1)a^y(1-a^{x+1})}{1-(1-a^{x+1})(1-a^{y+1})}$$

关于 $(x,y) \in \mathfrak{R}_+^2$ 是 Schur 凹的。或者，等价地，

$$\frac{\partial \phi_a(x,y)}{\partial x} - \frac{\partial \phi_a(x,y)}{\partial y} \geq 0,\ 0 \leq x < y < \infty.$$

根据 (2.2.6)，容易验证

$$\left[1-(1-a^{x+1})(1-a^{y+1})\right]\frac{\partial \phi_a(x,y)}{\partial x}$$

$$= (x+1)a^{x+y+1}(1-a^{y+1})\ln a$$

$$\quad + a^{x+1}(1-a^{y+1})[a^x + a^y - a^{x+y+1}]$$

$$\quad - (y+1)a^{x+y+1}\ln a + a^{2x+1}$$

$$\quad + a^{x+y+1}[1-2a^{x+1} - a^{y+1} + a^{x+y+2}]$$

和

$$[1-(1-a^{x+1})(1-a^{y+1})]\frac{\partial\phi_a(x,y)}{\partial y}$$
$$=(y+1)a^{x+y+1}(1-a^{x+1})\ln a$$
$$+a^{y+1}(1-a^{x+1})(a^x+a^y-a^{x+y+1})$$
$$-(x+1)a^{x+y+1}\ln a+a^{2y+1}$$
$$+a^{x+y+1}[1-2a^{y+1}-a^{x+1}+a^{x+y+2}]。$$

因此，

$$\frac{\partial\phi_a(x,y)}{\partial x}-\frac{\partial\phi_a(x,y)}{\partial y}\overset{\text{sgn}}{=}2a(a^x-a^y)[a^x+a^y-a^{x+y+1}]$$
$$+a^{x+y+1}[(x-y)+(x+1)(1-a^{y+1})$$
$$-(y+1)(1-a^{x+1})]\ln a\geqslant 0,$$
$$y>x\geqslant 0,$$

其中 $\overset{\text{sgn}}{=}$ 表示符号相同。利用事实：函数 $(1-a^t)/t$ 关于 $t\in[1,+\infty)$ 单调递减，知

$$(x+1)(1-a^{y+1})-(y+1)(1-a^{x+1})\leqslant 0,$$

故最后一个不等式成立。该定理证毕。

通过数值检验，（2.2.7）中的序 $\leqslant_{\text{rh}}$ 似乎可以推广到为序 $\leqslant_{\text{lr}}$。但是，我们目前不能给出严格的证明。

最后，我们给出一个反例说明（2.2.4）对于 $n>2$ 不成立。

**反例** 2.2.1. 对于 $n = 3$，定义函数 $h_{k_1,k_2,k_3}(a) = \phi_a(k_1,k_2,k_3)$。如表 $2-1$ 和图 $2-1$ 所示，函数 $h_{k_1,k_2,k_3}(a)$ 关于 $(k_1,k_2,k_3)$ 既不是 Schur 凹的也不是 Schur 凸的，其中 $a \in (0,1)$。因此，当 $(k_1,k_2,k_3) \prec_m (k_1',k_2',k_3')$ 时，系统 $T_s(k_1,k_2,k_3)$ 与 $T_s(k_1',k_2',k_3')$ 的寿命一般在反向失效率序意义下不存在大小关系。

表 $2-1$: $h_{k_1,k_2,k_3}(a)$

|  | $k_1$ | $k_2$ | $a = 0.10$ | $a = 0.15$ | $a = 0.20$ | $a = 0.25$ |
|---|---|---|---|---|---|---|
| | 8 | 2 | 29.9850 | 19.9664 | 14.9407 | 11.9083 |
| $k_3 = 2$ | 6 | 4 | 30.2015 | 20.3039 | 15.4067 | 12.5079 |
| | 5 | 5 | 30.0598 | 20.1332 | 15.2325 | 12.3523 |
| | 8 | 2 | 30.9056 | 20.8586 | 15.8093 | 12.7568 |
| $k_3 = 3$ | 6 | 4 | 40.9351 | 27.5900 | 20.9203 | 16.9219 |
| | 5 | 5 | 40.3920 | 27.2400 | 20.7372 | 16.8784 |

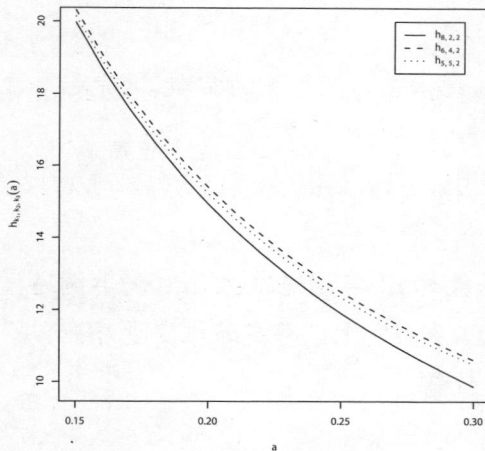

图 $2-1$　$h_{k_1,k_2,k_3}(a), a \in [0.15, 0.3]$

## 三、非齐次随机变量对应的次序统计量的比较

利用引理 2.2.1 和引理 2.2.2 之间通过变换（2.2.5）可以实现相互转换的思想，我们可以给出以下几个结果，涉及非齐次随机变量对应的次序统计量的多维随机比较。首先，给出如下的一个引理。

**引理 2.3.1.** （Hu，1994，定理 6.2.1）设 $\{X_1, \cdots, X_n\}$ 和 $\{Y_1, \cdots, Y_n\}$ 是两个独立非负的随机变量序列，随机变量的生存函数具有形式：

$$P(X_i > t) = \overline{F}(\lambda_i t) \equiv \exp\left\{ -\int_0^{\lambda_i t} r(s)ds \right\},$$

$$P(Y_i > t) = \overline{F}(\mu_i t), \quad i = 1, \cdots, n,$$

其中 $\lambda_1, \cdots, \lambda_n; \mu_1, \cdots, \mu_n$ 是正的常数，满足

$$(\mu_1, \mu_2, \cdots, \mu_n) \prec^{\mathrm{w}} (\lambda_1, \lambda_2, \cdots, \lambda_n).$$

如果失效率函数 $r(x)$ 单调递减且 $xr(x)$ 单调递增，则在相同的概率空间 $(\Omega, \mathscr{F}, P)$ 上，存在随机变量序列 $\{X_1', \cdots, X_n'\}$ 和 $\{Y_1', \cdots, Y_n'\}$ 使得

$$(X_1', \cdots, X_n') \overset{\mathrm{st}}{=} (X_1, \cdots, X_n), (Y_1', \cdots, Y_n') \overset{\mathrm{st}}{=} (Y_1, \cdots, Y_n),$$

$$(X'_{1:n}, X'_{2:n}, \cdots, X'_{n:n}) \leq (Y'_{1:n}, Y'_{2:n}, \cdots, Y'_{n:n}) \quad a.s.$$

**定理 2.3.1.** 设 $V_1, \cdots, V_n$ 是独立同分布的非负随机变量序列，具有广义的伽玛分布 $F$，其密度函数为

$$f_{p,q}(x) = \frac{p}{\Gamma(q/p)} x^{q-1} e^{-x^p}, \; x \geq 0,$$

其中 $p, q > 0$ 是参数。定义 $X_i = V_i/\lambda_i$ 和 $Y_i = V_i/\mu_i, i = 1, \cdots, n$。如果 $0 < q \leq p \leq 1$，则

$$(\lambda_1, \cdots, \lambda_n) \prec^{\mathrm{w}} (\mu_1, \cdots, \mu_n)$$
$$\Rightarrow (X_{1:n}, \cdots, X_{n:n}) \leq_{\mathrm{st}} (Y_{1:n}, \cdots, Y_{n:n}).$$

事实上，Hu（1994）中单调耦合定理 2.1 也是正确的。

**证明：** 由 Marshall & Olkin（2007，p.349）知，存在 $n$ 个独立同分布的随机变量 $Z_1, \cdots, Z_n$，共同分布为 $\Gamma(q/p, 1)$ 分布，满足

$$(X_1, \cdots, X_n) \stackrel{\mathrm{d}}{=} \left( \left(\frac{Z_1}{\lambda_1^p}\right)^{1/p}, \cdots, \left(\frac{Z_n}{\lambda_n^p}\right)^{1/p} \right)$$

和

$$(Y_1, \ldots, Y_n) \overset{\mathrm{d}}{=} \left( \left[ \frac{Z_1}{\mu_1^p} \right]^{1/p}, \ldots, \left[ \frac{Z_n}{\mu_n^p} \right]^{1/p} \right).$$

定义随机变量之间相互独立的序列 $\{U_1, \ldots, U_n\}$ 和 $\{V_1, \ldots, V_n\}$ 如下：

$$(U_1, \ldots, U_n) \overset{\mathrm{d}}{=} \left[ \frac{Z_1}{\lambda_1^p}, \ldots, \frac{Z_n}{\lambda_n^p} \right], \quad (V_1, \ldots, V_n) \overset{\mathrm{d}}{=} \left[ \frac{Z_1}{\mu_1^p}, \ldots, \frac{Z_n}{\mu_n^p} \right].$$

由 Hu（1994）中例 6.3.2 得，如果 $q/p \leq 1$，则

$$(\lambda_1^p, \ldots, \lambda_n^p) \prec^{\mathrm{w}} (\mu_1^p, \ldots, \mu_n^p)$$
$$\Rightarrow (U_{1:n}, \ldots, U_{n:n}) \leq_{\mathrm{st}} (V_{1:n}, \ldots, V_{n:n}),$$
$$\text{(2.3.1)}$$

该式蕴涵了 $(X_{1:n}, \ldots, X_{n:n}) \leq_{\mathrm{st}} (Y_{1:n}, \ldots, Y_{n:n})$。另一方面，由 Marshall & Olkin（1979，p.116）知，上弱超优序在单调增且凹函数作用下保持不变，所以当 $p \leq 1$ 时，我们有

$$(\lambda_1, \ldots, \lambda_n) \prec^{\mathrm{w}} (\mu_1, \ldots, \mu_n)$$
$$\Rightarrow (\lambda_1^p, \ldots, \lambda_n^p) \prec^{\mathrm{w}} (\mu_1^p, \ldots, \mu_n^p). \quad \text{(2.3.2)}$$

因此，所预证的结果由（2.3.1）和（2.3.2）得到。

**定理 2.3.2.** 设 $V_1, \cdots, V_n$ 是独立同分布的非负随机变量，共同的分布为广义 Weibull 分布，生存函数为

$$\overline{F}(t;\nu,\gamma) = \exp\{1 - (1 + t^\nu)^{1/\gamma}\}, \; t \geq 0,$$

其中 $\nu, \gamma > 0$ 为参数。定义 $X_i = V_i/\lambda_i$ 和 $Y_i = V_i/\mu_i$，其中 $i = 1, \cdots, n$。如果 $0 < \nu \leq \gamma \leq 1$，则

$$(\lambda_1, \cdots, \lambda_n) <^{\mathrm{w}} (\mu_1, \cdots, \mu_n)$$
$$\Rightarrow (X_{1:n}, \cdots, X_{n:n}) \leq_{\mathrm{st}} (Y_{1:n}, \cdots, Y_{n:n}).$$

事实上，引理 2.3.3 中的单调耦合结果成立。

**证明：** 假设 $0 < \nu \leq \gamma \leq 1$，则 $F$ 的失效率函数

$$r(x) = \frac{\nu}{\gamma} x^{\nu-1}(1 + x^\nu)^{1/\gamma-1} = \frac{\nu}{\gamma}(x^\nu)^{1-1/\nu}(1 + x^\nu)^{1/\gamma-1}$$

是单调递减的，但 $xr(x)$ 是单调递增的。于是，所要证的结果由引理 2.3.3 得。

**定理 2.3.3.** 设 $V_1, \cdots, V_n$ 是 $n$ 个独立同分布的随机变量，共同的分布函数为 $F$，定义

$$X_i = \frac{V_i}{\lambda_i}, \; Y_i = \frac{V_i}{\mu_i}, \; i = 1, \cdots, n.$$

$F$ 的反向失效率函数 $s(t)$ 满足：$xs(x)$ 单调递减，$x^2 s(x)$ 单调递增。如果

$$\left(\frac{1}{\lambda_1}, \cdots, \frac{1}{\lambda_n}\right) \prec^{\mathrm{w}} \left(\frac{1}{\mu_1}, \cdots, \frac{1}{\mu_n}\right),$$

则

$$(X_{1:n}, \cdots, X_{n:n}) \geq_{\mathrm{st}} (Y_{1:n}, \cdots, Y_{n:n}),$$

并且引理 2.3.3 中的单调耦合结果成立。

**证明：** 定义 $\widetilde{V}_i = 1/V_i, \widetilde{X}_i = 1/X_i, \widetilde{Y}_i = 1/Y_i$ 以及 $\tilde{\lambda}_i = 1/\lambda_i, \tilde{\mu}_i = 1/\mu_i$，其中，$i = 1, \cdots, n$，则

$$\widetilde{X}_i = \frac{\widetilde{V}_i}{\tilde{\lambda}_i}, \ \widetilde{Y}_i = \frac{\widetilde{V}_i}{\tilde{\mu}_i}.$$

易知，$\widetilde{V}_i$ 的失效率函数为 $\tilde{r}(x) = s(1/x)x^{-2}, x > 0$。若 $xs(x)$ 单调递减，$x^2 s(x)$ 单调递增，则 $\tilde{r}(x)$ 单调递减，$x\tilde{r}(x)$ 单调递增。因此，由引理 2.3.1 知单调耦合结果成立，特别有

$$\left(\frac{1}{\lambda_1}, \cdots, \frac{1}{\lambda_n}\right) \prec^{\mathrm{w}} \left(\frac{1}{\mu_1}, \cdots, \frac{1}{\mu_n}\right)$$
$$\Rightarrow (\widetilde{X}_{1:n}, \cdots, \widetilde{X}_{n:n}) \leq_{\mathrm{st}} (\widetilde{Y}_{1:n}, \cdots, \widetilde{Y}_{n:n}),$$

该式蕴涵了

$$(X_{1:n}, \cdots, X_{n:n}) \geq_{\mathrm{st}} (Y_{1:n}, \cdots, Y_{n:n})$$

从而证得所要的结果。

下面用一个例子，说明前面结果中的一些条件是可以得到满足的。

例 2.3.1.（1）设 $F$ 是一个非负随机变量的分布函数，

$$F(x) = 1 - e^{-x^{\alpha}}, \ x \geq 0, \alpha > 0,$$

则 $F$ 的失效率函数为 $r(x) = \alpha x^{\alpha-1}$。如果 $0 < \alpha \leq 1$，则 $r(x)$ 单调递减，$x r(x)$ 单调递增。因此，引理 2.3.3 中的条件得到满足。

（2）设 $F$ 是一个非负随机变量的分布函数，

$$F(x) = e^{-x^{-\alpha}}, x \geq 0, \alpha > 0.$$

则 $F$ 的反向失效率函数为 $s(x) = \alpha x^{-\alpha-1}$。如果 $0 < \alpha \leq 1$，

则 $xs(x)$ 单调递减，$x^2 s(x)$ 单调递增。因此，定理 2.3.3 的条件得到满足。

## 四、条件 $n$ 中取 $k$ 系统的冷储备

### (一) 研究背景

在所有的研究中，Bairamov et. al（2002）首次考虑了条件次序统计量 $[X_{n:n}-t \mid X_{1:n}>t]$，$t \in \Re_+$ 的期望。Li & Zhao（2006）将这一结果推广到了更一般的情形：$[X_{n:n}-t \mid X_{1:n}>t]$，$t \in \Re$，得到了生存概率的一般表达式，并研究了相关的年龄性质。Zhao & Balakrishnan（2009）更进一步地对广义次序统计量研究了类似的问题。Xie & Hu（2008），Zhao et al.（2008）以及 Kochar & Xu（2010）也做了相关的研究工作。为了方便叙述，对于具有一个冷储备元件的 $n$ 中取 $k$ 系统，以下我们简称为 $n$ 中取 $k$ 冷备系统。假定在给定的时刻 $t$，第 $n-k+1$ 小的元件仍在工作，即 $X_{n-k+1:n}>t$。Eryimaz（2012）研究了 $n$ 中取 $k$ 冷备系统的条件平均剩余寿命。特别地，若用随机变量 $T$ 表示该系统寿命，用随机变量 $Z$ 表示冷备元件的寿命，可以看到 $Z$ 与 $X$ 是相互独立的，则

$$T = X_{n-k+1:n} + \min\{X_{n-k+2:n} - X_{n-k+1:n}, Z\}$$

其中 $k = 2$，3，…，$n$。Eryimaz（2012）分别在给定时刻 $t$，第 $n-k+1$ 小的元件或最小的元件仍在工作的条件下考虑了系统的条件剩余寿命 $T$,即 $[T-t \mid X_{n-k+1:n} > t]$ 和 $[T-t \mid X_{1:n} > t]$，并推导出了生存函数以及生存函数的期望。在 Eryimaz（2012）工作的启发下，本节将在更一般的条件下，即 $X_{j:n} > t$ 的情况下，研究 $n$ 中取 $k$ 冷备系统的条件剩余寿命 $[T-t \mid X_{j:n} > t]$,其中 $j = 1,2,…,n-k+1$。我们将会看到本节所得到的结果，不但扩展了 Eryimaz（2012）的工作，而且完善了目前相关文献中的一些结论。

（二）主要结论

首先我们给出一个概念的定义。

**定义 2.4.1.**（Karlin，1968）一个函数 $h(x,y)$ 被称为二阶符号正则（$SR_2$, Sign—Regular of order 2）的，若 $\gamma_1 h(x, y) \geq 0$，且

$$\gamma_2 \begin{vmatrix} h(x_1,y_1) & h(x_1,y_2) \\ h(x_2,y_1) & h(x_2,y_2) \end{vmatrix} \geq 0$$

其中 $x_1 < x_2, y_1 < y_2, \gamma_1, \gamma_2$ 表示符号，取值 $+1$ 或 $-1$。需要特别指出的是：当 $\gamma_1 = \gamma_2 = 1$ 时，函数 $h(x, y)$ 被称为二阶全正（$TP_2$, *Totally Positive of order 2*）的；而当 $\gamma_1 = 1$, $\gamma_2 = -1$ 时，函数 $h(x, y)$ 被称为是二阶反则（$RR_2$, Reverse Positive of order 2）的。

接下来回忆一个引理 [请参见文献 David & Nagaraja (2003)，定理 2.7]：

**引理** 2.4.1. 对于一个连续总体的样本容量为 $n$ 的随机抽样，在给定 $X_{r:n} = x$ 的条件下 $X_{k:n}(k > r)$ 的条件分布恰好是来自于一个样本容量为 $n-r$ 的总体 $f(y)/[1-F(x)]$，$(y > x)$ 的第 $k-r$ 个次序统计量的分布，即一个在左侧截去的总体。

接下来，将展示我们的工作。

**定理** 2.4.1. 假设元件寿命 $X_i(i = 1,2,\dots,n)$ 和冷备冗余元件寿命 $Z$ 是相互独立的，分别具有分布函数 $F(x)$、$G(x)$ 和生存函数 $\overline{F}(x)$、$\overline{G}(x)$。在给定任意第 $j$ 小的元件（其中 $0 < j < n-k+1$）在时刻 $t$ 依然工作的条件下，对于，的条件生存函数可以表示为

$$
\begin{aligned}
&P(T > s \mid X_{j:n} > t) \\
&= P(X_{n-k+1:n} > s \mid X_{j:n} > t) \\
&+ \frac{\overline{F}^{k-1}(s)}{P(X_{j:n} > t)} \cdot \frac{n!}{(j-1)!(n-k-j)!(k-1)!} \\
&\cdot \int_t^s \int_x^s F^{j-1}(x) f(x) \overline{G}(s-y) [F(y) - F(x)]^{n-k-1} f(y) \, dy \, dx.
\end{aligned}
$$

$$(2.4.1)$$

**证明:** 首先,注意到,对于 $s \geq x$,$T$ 的条件生存函数

$$P(T > s \mid X_{j:n} > x)$$
$$= \int_x^\infty P\left(X_{n-k+1:n}\right) + min\{X_{n-k+2:n} - X_{n-k+1:n}, Z\} > s,$$
$$X_{n-k+1:n} = y \mid X_{j:n} = x)dy$$
$$= \int_x^\infty P\left(X_{n-k+2:n} > s, Z+Y > s,\right.$$
$$X_{n-k+1:n} = y \mid X_{j:n} = x)dy$$
$$= \int_x^s P(X_{n-k+2:n} > s, X_{n-k+1:n} = y \mid X_{j:n} = x)dy$$
$$+ \int_x^s P(X_{n-k+2:n} > s, Z+y > s, X_{n-k+1:n} = y \mid X_{j:n} = x)dy$$

$$(2.4.2)$$

公式 (2.4.2) 的第一部分可以被写为

$$\int_x^\infty P(X_{n-k+2:n} > s, X_{n-k+1:n} = y \mid X_{j:n} = x)dy$$
$$= P(X_{n-k+1:n} > s \mid X_{j:n} = x)$$

$$(2.4.3)$$

根据次序统计量的 Markov 性质〔请参见 David & Nagaraja (2003)〕,可以得到

$$\int_x^\infty P(X_{n-k+2:n} > s, Z + y > s, X_{n-k+1:n} = y \mid X_{j:n} = x) dy$$

$$= \int_x^s P(Z + y > 0) P(X_{n-k+2:n} > s, X_{n-k+1:n} = y \mid X_{j:n} = x) dy$$

$$= \int_x^s \overline{G}(s-y) P(X_{n-k+2:n} > s \mid X_{j:n} = x, X_{n-k+1:n} = y)$$
$$\cdot f_{X_{n-k+1:n} \mid X_{j:n}} = x(y) dy$$

$$= \int_x^s \overline{G}(s-y) P(X_{n-k+2:n} > s \mid X_{n-k+1:n} = y)$$
$$\cdot f_{X_{n-k+1:n} \mid X_{j:n} = x} dy,$$
$$(2.4.4)$$

其中第二个 "=" 是由 $Z$ 与 $X$ 的独立性得到，$\overline{G}$ 表示 $Z$ 的生存函数，$f_{X_{n-k+1:n} \mid X_{j:n} = x}(y)$ 表示在给定 $X_{j:n} = x$ 的条件下的条件密度函数，其中 $x \le y$。

利用引理 2.4.1，有，对于 $s > y$，

$$P(X_{n-k+2:n} > s \mid X_{n-k+1:n} = y) = \left[ \frac{\overline{F}(s)}{\overline{F}(y)} \right]^{k-1},$$

其中，$\overline{F}$ 表示 $X$ 的生存函数。注意到

$$f_{X_{n-k+1:n} \mid X_{j:n}} = x(y)$$
$$= \frac{(n-j)!}{(n-k-j)!(k-1)!} \frac{[F(y) - F(x)]^{n-k-j} \overline{F}^{k-1}(y) f(y)}{\overline{F}^{j-1}(X)}$$

故公式（2.4.4）可以被简化为

$$\int_x^s \overline{G}(s-y) P(X_{n-k+2:n} > s \mid X_{n-k+k:n} = y)$$

$$\cdot f_{X_{n-k+1:n} \mid X_{j:n} = n} = x(y) dy$$

$$= \frac{(n-j)!}{(n-k-j)!(k-1)!}$$

$$\cdot \int_x^s \overline{G}(s-y) \frac{\overline{F}^{k-1}(s) f(y) [F(y) - F(x)]^{n-k-j}}{\overline{F}^{j-1}(x)} dy.$$

$$(2.4.5)$$

接下来，合并公式（2.4.3）与公式（2.4.5），可以得到，对于 $s > t$，

$$P(T > s, X_{j:n} > t)$$

$$= \int_t^\infty P(T > s \mid X_{j:n} = x) f_{j:n}(x) dx$$

$$= \int_t^s P(T > s \mid X_{j:n} = x) f_{j:n}(x) dx$$

$$+ \int_s^\infty P(T > s \mid X_{j:n} = x) f_{j:n}(x) dx$$

$$= \int_t^s P(T > s \mid X_{j:n} = x) f_{j:n}(x) dx + P(X_{j:n} > s)$$

$$= P(X_{n-k+1:n} > s, X_{j:n} > t)$$

$$+ \frac{n!}{(j-1)!(n-k-j)!(k-1)!}$$

$$\cdot \int_t^s \int_x^s \overline{F}^{j-1}(x) f(x) \overline{G}(s-y)$$

$$\cdot [F(y) - F(x)]^{n-k-j} f(y) dy dx.$$

其中，$f_{X_{j:n}}$ 是 $X_{j:n}$ 的密度函数。由此，就可以得到定理的结论。即证。

从定理 2.4.1 中我们发现一个有趣的事情：一个冗余的冷备元件可以被如下的随机变量刻画

$$\min\{X_{n-k+2:n} - X_{n-k+1:n}, Z\}$$

具有这样的元件的寿命系统它的寿命的确是递增的。而增加的可靠性可以被精确的表示为

$$K(s,j) = \frac{\overline{F}^{k-1}(s)}{P(X_{j:n} > t)} + \frac{n!}{(j-1)!(n-k-j)!(k-1)!}$$

$$\cdot \int_t^s \int_x^s F^{j-1}(x) f(x) \overline{G}(s-y)[F(y) - F(x)]^{n-k-j} f(y) dy dx \tag{2.4.6}$$

特别地，当 $j = n-k+1$ 时，$K(s,j)$ 就会有下面这个很简洁的形式：

$$K(s, n-k+1) = \frac{1}{P(X_{n-k+1:n} > t)}$$

$$\cdot \frac{\overline{F}^{k-1}(s)}{B(n-k+1,k)} \int_t^s \overline{G}(s-x) F^{n-k}(x) dF(x),$$

其中 $B(a,b)$ 是 Beta 函数，它的定义是 $B(a,b)=\dfrac{\Gamma(a)\Gamma(b)}{\Gamma(a+b)}$。以上这种特别的情形就是文献 Eryimaz（2012）中的推导出的主要结论。

另一个有趣的问题是，在给定任意第 $j$ 小的元件（其中 $0<j<n-k+1$）在时刻 $t$ 依然工作的条件下，冷备元件以何种方式影响系统的平均剩余寿命？这个问题从定理 2.4.1 中也很容易地得到回答：

$$\mathbb{E}\big[T-t\mid X_{j:n}>t\big]$$
$$=\int_0^\infty P(T-t>s\mid X_{j:n}>t)ds$$
$$=\mathbb{E}\big[X_{n-k+1:n}-t\mid X_{j:n}>t\big]$$
$$+\frac{1}{P(X_{j:n}>t)}+\frac{n!}{(j-1)!(n-k-j)!(k-1)!}$$
$$\cdot\int_0^\infty\int_t^s\int_x^s \overline{F}^{k-1}(t+s)F^{j-1}(x)f(x)\overline{G}(t+s-y)$$
$$\cdot\big[F(y)-F(x)\big]^{n-k-j}f(y)dydxds.$$

我们可以看出，相比较于原系统的平均剩余寿命 $\mathbb{E}\big[X_{n-k+1:n}-t\mid X_{j:n}>t\big]$，具有冷备元件的系统的平均剩余寿命的增量可以精确的被刻画为上式中的第二部分。

例 2.4.1. 假设元件寿命 $X_i(i=1,2,\cdots n)$ 和冷备冗余元件寿命 $Z$ 是相互独立的；为了简化问题，我们更进一步

假设它们具有相同的韦布分布（Weibull distribution），则

$$F(x) = G(x) = 1 - e^{-x^{\alpha}}, x > 0$$

接下来我们用两张图，图 2-2（a）和图 2-2（b）分别展示条件平均剩余寿命 $\mathbb{E}[T - t \mid X_{j:n} > t]$。

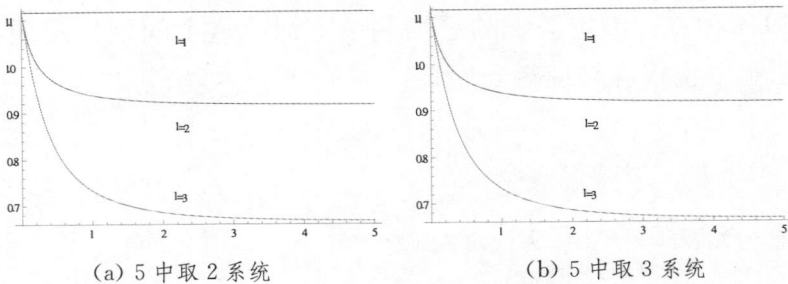

(a) 5 中取 2 系统　　　　　　(b) 5 中取 3 系统

**图 2-2　条件平均剩余寿命函数**

图 2-2（a）刻画了对于 $j = 1$，2，3，4，$\alpha = 1$，在条件 $[X_{j:n} > t]$ 下，5 中取 2 系统的平均剩余寿命；图 2-2（b）刻画了对于 $j = 1$，2，3，$\alpha = 1$，在条件 $[X_{j:n} > t]$ 下，5 中取 3 系统的平均剩余寿命。在这两张图中，可以看到当 $j = 1$ 时，平均剩余寿命函数并没有变化，这是因为指数分布的无记忆性；参看文献 Eryimaz（2012），很容易看到另一个现象，平均剩余寿命函数是 $j$ 的单调递减函数，这就会引起我们思考在平均剩余寿命函数中起的作用是什么。我在下面的定理 2.4.2 中研究了这个问题，证明了平均剩余寿命是在失效率序的意义下关于 $j$ 单调递减。

为了量化冷备元件在系统中所起的作用，让读者有直观的感受，下面用表 2-2～表 2-4 给出了几个数值例子。表 2-2 和表 2-3 的结果是当 $\alpha=1$，即指数分布的情况；表 2-4 展示了韦布分布的情况。

| | $j$ | $\mathbb{E}[T-t|X_{j:n}>t]$ | $\mathbb{E}[X_{n-k+1:n}-t|X_{j:n}>t]$ |
|---|---|---|---|
| | 1 | 1.7833 | 1.2833 |
| $t=1$ | 2 | 1.6042 | 1.1042 |
| | 3 | 1.3996 | 0.8997 |
| | 4 | 1,1740 | 0.6740 |
| | 1 | 1.7833 | 1,2833 |
| $t=2$ | 2 | 1.5894 | 1.0894 |
| | 3 | 1.3525 | 0.8525 |
| | 4 | 1.0510 | 0.5510 |
| | 1 | 1.7833 | 1.2833 |
| $t=4$ | 2 | 1.5841 | 1.0841 |
| | 3 | 1.3357 | 0.8357 |
| | 4 | 1.0062 | 0.5062 |

表 2-2　5 中取 2 系统在有（无）冷备元件时的条件剩余寿命，$\alpha=1$，元件寿命 $X_i(i=1,2,\cdots,n)$ 服从指数分布.

| | $j$ | $\mathbb{E}[T-t|X_{j:n}>t]$ | $\mathbb{E}[X_{n-k+1:n}-t|X_{j:n}>t]$ |
|---|---|---|---|
| | 1 | 1.1167 | 0.7833 |
| $t=1$ | 2 | 0.9375 | 0.6042 |
| | 3 | 0.7331 | 0.3997 |
| | 1 | 1.1167 | 0.7833 |
| $t=2$ | 2 | 0.9227 | 0.5894 |
| | 3 | 0.6858 | 0.3525 |
| | 1 | 1.1167 | 0.7833 |
| $t=4$ | 2 | 0.9174 | 0.5841 |
| | 3 | 0.6690 | 0.3357 |

表 2-3  5 中取 3 系统在有（无）冷备元件时的条件剩余寿命, $\alpha=1$, 元件寿命 $X_i(i=1,2,\cdots,n)$ 服从指数分布.

| | $j$ | $\mathbb{E}[T-t|X_{j:n}>t]$ | $\mathbb{E}[X_{n-k+1:n}-t|X_{j:n}>t]$ |
|---|---|---|---|
| | 1 | 0.4885 | 0.3252 |
| $t=1$ | 2 | 0.2918 | 0.1847 |
| | 3 | 0.1561 | 0.0964 |
| | 1 | 0.4266 | 0.2566 |
| $t=2$ | 2 | 0.2481 | 0.1390 |
| | 3 | 0.1320 | 0.0719 |
| | 1 | 0.3527 | 0.1739 |
| $t=4$ | 2 | 0.1926 | 0.0801 |
| | 3 | 0.1018 | 0.0412 |

表 2-4  5 中取 3 系统在有（无）冷备元件时的条件剩余寿命, $\alpha=2$, 元件寿命 $X_i(i=1,2,\cdots,n)$ 服从的韦布分布.

现在，我们回到例 2.4.1 中那个有趣的问题：在平均

剩余寿命函数中 $j$ 起的作用是什么？首先，回忆一下 Karlin 在 1968 年证明的一个结果（参见 c. f, Karlin, 1968），这里以引理的形式给出：

**引理 2.4.2.** 有三个实数集合 $A, B, C$, 如果当 $x \in A, z \in B$ 时, $L(x, z)$ 是二阶符号正则函数（$SR_2$）；当 $z \in B, y \in C$ 时, $M(z, y)$ 是 $SR_2$ 的, 那么当 $x \in A, y \in C$ 时 $K(x, y) = \int L(x, z) M(z, y) d\mu(z)$ 也是 $SR_2$ 的, 而且 $\varepsilon_i(K) = \varepsilon_i(L) \times \varepsilon_i(M), \forall i = 1, 2$。

接下来的定理 2.4.2 就揭示了 $j$ 以何种方式影响了平均剩余寿命函数。这个定理也很好的解释了例 2.4.1 中的数值结果。

**定理 2.4.2.** 如果冷备元件 $Z$ 是 IFR 的, 那么, 对于 $t > 0$ 有,

$$[T|X_{j+1:n} = t] \leq_{hr} [T|X_{j:n} = t], 0 < j < n - k + 1.$$

**证明：** 欲证明

$$[T|X_{j+1:n} = t] \leq_{hr} [T|X_{j:n} = t]$$

等价于证明 $P(T > s \mid X_{j:n} = t)$ 在 $(s, j) \in \mathfrak{R}_+ \times \{1, 2, \cdots, n - k\}$ 上是二阶反则（$RR_2$）的。而

$$P(T > s \mid X_{j:n} = t)$$

$$= \int_0^\infty \overline{G}(s-y) I(y>t) \left[\frac{\overline{F}(s)}{\overline{F}(y)}\right]^{k-1} \frac{f_{X_{j:n-k+1}}(t,y)}{f_{X_{j:n}}(t)} dy,$$

其中，$f_{X_{j:n-k+1}}(t,y)$ 是随机向量 $(X_{j:n}, X_{n-k+1:n})$ 的联合密度函数。注意到，对于 $y > t > 0$，

$$\frac{f_{X_{j+1,n-k+1}}(t,y)}{f_{X_{j:n-k+1}}(t,y)} \propto \frac{1}{F(y) - F(t)},$$

关于 $y$ 是单调减少的。因此，$f_{X_{j+1,n-k+1}}(t,y)$ 在 $(j,y)$ 上是 $RR_2$ 的。再利用 $Z$ 是 $IFR$ 这个条件，就可以得到 $\overline{G}(s-y)$ 在 $(s,y) \in \mathfrak{R}_+^2$ 上是 $TP_2$ 的。根据引理 2.4.2，即可得证。

下面我们来研究 $n$ 中取 $k$ 冷备系统寿命的随机单调性质。从将要呈现的这些性质中，在冷备元件的寿命以及系统原有元件的寿命是如何影响冷被系统的寿命的这个问题上，我们会获得一些非常直观的认识。

首先，考虑这样两个 $n$ 中取 $k$ 系统，它们由相同的独立同分布的元件组成，寿命分别 $X_1$，$X_2$，…，$X_n$，但是具有不同的冷备元件，寿命分别为 $Z_1$，$Z_2$。那么这两个 $n$ 中取 $k$ 冷备系统的寿命可以分别表示为

$$T_{Z_1} = X_{n-k+1:n} + \min\{X_{n-k+2:n} - X_{n-k+1:n}, Z_1\}$$

和

$$T_{Z_2} = X_{n-k+1:n} + \min\{X_{n-k+2:n} - X_{n-k+1:n}, Z_2\}$$

我们就会有以下的性质:

**性质 2.4.1.** (1) 若 $Z_1 \leq_{\text{st}} Z_2$, 那么 $T_{Z_1} \leq_{\text{st}} T_{Z_2}$;

(2) 若 $Z_1 \leq_{\text{st}} Z_2$, 那么 $\mathbb{E}[T_{Z_1} - t \mid X_{j:n} > t] \leq \mathbb{E}[T_{Z_2} - t \mid X_{j:n} > t]$;

(3) 若 $Z_1 \leq_{\text{hr}} Z_2$, 且 $F(x) = 1 - e^{-\lambda x}$, $\lambda > 0$, 那么 $T_{Z_1} \leq_{\text{hr}} T_{Z_2}$.

其次, 考虑另外两个 $n$ 中取 $k$ 系统, 它们由不同的元件组成。假设 $X_1, X_2, \cdots, X_n$ 和 $Y_1, Y_2, \cdots, Y_n$ 是独立同分布的随机变量序列, 分别来自总体 $X$ 和 $Y$, 并且分别表示这两个连续 $n$ 中取 $k$ 系统的元件的寿命。同样, 用 $X_{n-k+1:n}$ 和 $Y_{n-k+1:n}$ 分别表示这两个 $n$ 中取 $k$ 系统的寿命。给这两个 $n$ 中取 $k$ 系统以具有相同的寿命为 $Z$ 的冷备元件。那么, 相应的 $n$ 中取 $k$ 冷备系统的寿命就表示为

$$T_X = X_{n-k+1:n} + \min\{X_{n-k+2:n} - X_{n-k+1:n}, Z\}$$

和

$$T_Y = Y_{n-k+1:n} + min\{Y_{n-k+2:n} - Y_{n-k+1:n}, Z\}$$

为了 $T_X$ 和 $T_Y$，得到了如下的结果：

**性质 2.4.2.** (1) 若 $X \leq_{st} Y$，则 $T_X \leq_{st} T_Y$；

(2) 若 $X \leq_{hr} Y$，则 $[T_X - t \mid X_{j:n} > t] \leq_{hr} [T_Y - t \mid Y_{j:n} > t]$.

证明：(1) 由条件 $X \leq_{st} Y$，可以推出

$$X_{i:n} \leq_{st} Y_{i:n}, i = 1, \cdots, n.$$

我们都知道，$n$ 个独立同分布的随机变量的次序统计量的连接 copula 是一个确定的 copula，它不依赖于这 $n$ 个随机变量的分布 [Averous et al. (2005)]，那么由 Shaked & Shanthikumar (2007) 著作中的定理 6.B.1 就可以得到

$$(X_{1:n}, \cdots, X_{n:n}) \leq_{st} Y_{1:n}, \cdots, Y_{n:n}$$

而且，观察到

$$[T_X \mid Z = z] = \min\{X_{n-k+2:n}, z + X_{n-k+1:n}\}$$

和

$$[T_Y \mid Z = z] = \min\{Y_{n-k+2:n}, z + Y_{n-k+1:n}\},$$

则由定理 6.B.16 (a)，有 $[T_X \mid Z = z \leq_{st} [T_Y \mid Z = z]$。

又因为通常随机序在混合下的封闭性质，就可以得到 $T_X \leq_{st} T_Y$.

（2）由 Khaledi & Shaked（2006）的定理 3.1，$X \leq_{hr} Y$ 意味着

$$[X_{k:n} - t | X_{j:n} > t] \leq_{st} [Y_{k:n} - t | Y_{j:n} > t], 1 \leq j \leq k \leq n.$$

而且，从 Averous et al.（2005）的引理 6 的证明中不难得到一个相似的事实：对于 $n$ 个独立同分布的随机变量 $X_1, X_2, \cdots, X_n$ 来说，它的次序统计量的条件分布 $[X_{k:n}, X_{k+1:n}, \cdots, X_{n:n} | X_{j:n} > t](j \leq k)$ 的连接 Copula 是一个确定的 Copula，且它也与随机变量的分布是无关的。那么接下来的证明就跟（1）的证明类似了，此处不再赘述。

在这节中，我们在更加一般的条件下推导了 $n$ 中取 $k$ 冷备系统的生存函数与平均剩余寿命函数同时研究了系统寿命的随机单调性质。在这个领域里仍然有很多有趣的问题。例如，定理 2.4.2 中，在相同的假设下，对于一个更一般的问题 $[T | X_{(j+1:n)} \geq t] \leq_{hr} [T | X_{j:n} \geq t]$ 是否成立？数值结果显示这个结论是正确的。另一个有趣的问题是，如果一个 $n$ 中取 $k$ 系统有 $m(m \geq 1)$ 个冷备元件，那将会有哪些结果？我们还可以考虑 $n$ 中取 $k$ 系统是由独立但不同分布的元件组成的，这也是有意义的问题；相关问题可以参考 Zhao et al.（2008），和 Kochar & Xu（2010）。

## 五、条件次序统计量的多维似然比序

本节我们将聚焦于条件次序统计量在多维似然比序意义下的随机比较，这些结果加强并推广了目前文献中已有的一些结果。

### （一）研究背景

众多研究者考虑了一个系统在失效以前的寿命行为，即条件次序统计量的年龄性质：

$$\left[X_{k:n} - X_{k-1:n} \mid X_{k-1:n} = t\right]$$

表示在给定第 $(k-1)$ 个失效发生在时刻 $t$ 的条件下，一个 $n$ 中取 $n-k+1$ 系统的剩余寿命。关于此剩余寿命的研究请参见 Langberg et al. （1980），Belzunce et al. （1999），Li & Zuo（2002）和 Li & Chen（2004）。但是在实际情形中，系统元件的精确失效时间通常是不观测的，能够知道的仅是某时刻系统失效元件的总数。因此，我们研究更一般的条件次序统计量：

$$\left[X_{k,n} - t \mid X_{l,n} > t\right], \ l \leq k \leq n, t \in \Re_{+},$$

即给定在时刻 $t$ 系统的失效元件总数不超过 $l$ 的条件下系统的剩余寿命。

Bairamov et al.（2002）研究了条件次序统计量 $[X_{n:n} - t \,|\, X_{1:n} > t]\,(t \in \Re_+)$ 的期望。随后，Asadi & Bairamov（2005）进一步讨论了 $\mathbb{E}[X_{n:n} - t \,|\, X_{k:n} > t]$，证明了

$$\mathbb{E}[X_{n-1:n-1} - t \,|\, X_{1:n-1} > t] \leq \mathbb{E}[X_{n:n} - t \,|\, X_{1:n} > t]$$

和

$$\mathbb{E}[X_{n:n} - t \,|\, X_{k:n} > t] \leq \mathbb{E}[X_{n:n} - t \,|\, X_{k-1:n} > t],$$
$$2 \leq k < n, t \in \Re_+ . \quad (2.5.1)$$

Asadi（2006）也研究了 $\mathbb{E}[t - X_{k:n} \,|\, X_{n:n} \leq t]$ 的性质。同时，Li & Zhao（2006）证明了

$$[X_{k:n} - t \,|\, X_{l:n} > t] \leq_{\mathrm{lr}} [X_{k:n} - t \,|\, X_{l-1:n} > t],$$
$$1 < l < k \leq n, t \in \Re_+ . \quad (2.5.2)$$

这个结论推广了（2.5.1）。本节所涉及的相关的随机序的定义已经在第二章第一节中给出，这里不再赘述。事实上，Hu et al.（2006，2007）进行了更深入的研究，对广义次序统计量也建立了上述结论。

另一方面，Khaledi & Shaked（2007）和 Li & Zhao（2006）对来自两个样本的条件次序统计量进行了随机比较：若 $X \leq_{\mathrm{hr}} Y$，则

$$[X_{k:n}-t \mid X_{l:n}>t] \leq_{\text{st}} [Y_{k:n}-t \mid Y_{l:n}>t],$$
$$1 \leq l \leq k \leq n, t \in \Re_+,$$

其中 $Y_{i:n}, i=1, \cdots, n,$ 表示 $n$ 个独立同分布随机变量 $Y_1,$ $Y_2, \cdots, Y_n$ 所产生的来自 $Y-$样本的第 $i$ 个通常次序统计量。Kahledi & Shojaei (2007) 讨论了记录值的相关问题。Hu et al. (2007) 进一步对广义次序统计量的相关问题进行了研究工作。特别地,他们证明了,当 $k'-k=l'-l \geq \max\{0, n'-n\}$ 时,

$$[X_{k:n}-t \mid X_{l:n}>t] \leq_{\text{lr}} [X_{k':n'}-t \mid X_{l':n'}>t],$$
$$1 \leq l \leq k \leq n, t \in \Re_+.$$

作为上式的一个特殊情形,可以得到

$$[X_{k:n+1}-t \mid X_{l:n+1}>t] \leq_{\text{lr}} [X_{k:n}-t \mid X_{l:n}>t],$$
$$1 \leq l \leq k \leq n, t \in \Re_+. \quad (2.5.3)$$

Hu et al. (2006) 回答了 Hu et al. (2007) 中的一个公开问题:

$$[X_{k:n}-t \mid X_{l:n}>t] \leq_{\text{lr}} [X_{k+1:n}-t \mid X_{l:n}>t],$$
$$1 \leq l \leq k \leq n, t \in \Re_+. \quad (2.5.4)$$

由 (2.5.2)，(2.5.3) 和 (2.5.4)，我们可以得到这样的结论，对 $1 \leq l \leq k \leq n, t \in \Re_+$，$[X_{k:n} - t \mid X_{l:n} > t]$ 在似然比序意义下关于 $k$ 单调递增，关于 $l$ 和 $n$ 单调递减。另外，Hu et al. (2006) 对通常次序统计量的休止时间也得到了对偶的结论，并给出了应用。特别地，他们证明了：当 $1 \leq l \leq k \leq n, t \in \Re_+$ 时，$[X_{l:n} - t \mid X_{k:n} \leq t]$ 在似然比序意义下关于 $k$ 单调递增，关于 $l$ 和 $n$ 单调递减。我们得到的主要结论如下：

· 对于 $1 \leq j \leq n-1, s \in \Re_+$，成立

$$[(X_{j+2:n}, X_{j+3:n}, \cdots, X_{n:n}) \mid X_{j+1:n} > s]$$
$$\leq_{lr} [(X_{j+2:n}, X_{j+3:n}, \cdots, X_{n:n}) \mid X_{j:n} > s];$$

$$(2.5.5)$$

· 对于 $s \in \Re_+, j < m < l, l' - l = m' - m = j' - j \geq \max\{0, n' - n\}$，成立

$$[(X_{m:n}, X_{m+1:n}, \cdots, X_{l:n}) \mid X_{j:n} > s]$$
$$\leq_{lr} [(X_{m':n'}, X_{m'+1:n'}, \cdots, X_{l':n'}) \mid X_{j':n'} > s].$$

特别地，对于 $1 \leq j \leq n-1, s \in \Re_+$，成立

$$[(X_{j+1:n+1}, \cdots, X_{n:n+1}) \mid X_{j:n+1} > s]$$
$$\leq_{lr} [(X_{j+1:n}, \cdots, X_{n:n}) \mid X_{j:n} > s];$$

$$(2.5.6)$$

- 对于 $1 \leq j < n-1, s \in \Re_+$，成立

$$
\begin{aligned}
& [(X_{j+1:n}, X_{j+2:n}, \cdots, X_{n-1:n}) \mid X_{j:n} > s] \\
& \leq_{lr} [(X_{j+2:n}, X_{j+3:n}, \cdots, X_{n:n}) \mid X_{j:n} > s] ;
\end{aligned} \quad (2.5.7)
$$

- 对于 $1 \leq j \leq n, s_1 < s_2$，成立

$$
\begin{aligned}
& [(X_{j+1:n}, X_{j+2:n}, \cdots, X_{n:n}) \mid X_{j:n} > s_1] \\
& \leq_{lr} [(X_{j+1:n}, X_{j+2:n}, \cdots, X_{n:n}) \mid X_{j:n} > s_2] .
\end{aligned}
$$

这些结论加强并推广了（2.5.2）、（2.5.3）和（2.5.4）。因为多维似然比序对于（多维）边际运算封闭，则（2.5.2）、（2.5.3）和（2.5.4）可由（2.5.5）、（2.5.6）和（2.5.7）立即得到。类似于 Hu et al.（2006），关于休止时间的情形，我们也得到了对偶的结论。本节将在第（二）部分中给出主要的定理和证明，第（三）部分介绍本章的主要结论在关联系统中的应用。

### （二）主要定理和证明

首先我们介绍一个相依的概念。在第二章第一节中已经给出了多维似然比序的定义。特别地，若 $\mathbf{X} \leq_{lr} \mathbf{X}$，$\mathbf{X}$ 称作多维二阶全正（简记为 MTP$_2$）；参见 Karlin & Rinott（1980）。当 $n = 2$ 时，我们称为二阶全正（简记为 TP$_2$）。

众所周知，如果两个随机向量在多维似然比意义下排序，那么他们元素的相对应子集也会有相应的序关系，即

$$\mathbf{X} \leq_{lr} \mathbf{Y} \Rightarrow \mathbf{X}_I \leq_{lr} \mathbf{Y}_I$$

对所有子集 $I = \{i_1, i_2, \cdots, i_r\} \subset \{1, 2, \cdots, n\}, 1 \leq r < n$，其中 $\mathbf{X}_I = (\mathbf{X}_{i_1}, \mathbf{X}_{i_2}, \cdots, \mathbf{X}_{i_r})$，$\mathbf{Y}_I = (\mathbf{Y}_{i_1}, \mathbf{Y}_{i_2}, \cdots, \mathbf{Y}_{i_r})$。

对于一个独立同分布的样本 $X_1, \cdots, X_n$，Karlin & Rinott（1980）首次指出有序向量 $(X_{1:n}, \cdots, X_{n:n})$ 具有 MTP$_2$ 性质。综合这个事实和多维似然比序在取条件运算下的封闭性质［参见 Shaked & Shanthikumar（2007）定理 6.E.1］，我们可以得到如下命题。

**命题 2.5.1.** 对 $1 \leq j \leq n, s \in \Re_+$，$[(X_{j+1:n}, \cdots, X_{n:n}) \mid X_{j:n} > s]$ 是 MTP$_2$ 的。

下面这个定理揭示了，对于任意的 $1 < j+1 < i_1 < i_2 < \cdots < i_r \leq n$，条件随机向量 $[(X_{i_1:n}, X_{i_2:n}, \cdots, X_{i_r:n}) \mid X_{j:n} > s]$ 在多维似然比序意义下关于 $j$ 随机递减。

**定理 2.5.1.** 对 $1 \leq j \leq n-1, s \in \Re_+$，有

$$[(X_{j+2:n}, \cdots, X_{n:n}) \mid X_{j+1:n} > s]$$

$$\leq_{\text{lr}} \left[ (X_{j+2:n}, \cdots, X_{n:n}) \mid X_{j:n} > s \right].$$

**证明：**次序统计量 $(X_{i_1:n}, \cdots, X_{i_r:n})$ 的联合密度函数为

$$f(x_{i_1}, \cdots, x_{i_r})$$
$$= C \cdot F^{i_1-1}(x_{i_1}) \bar{F}^{n-i_r}(x_{i_r})$$
$$\cdot \prod_{k=2}^{r} \left[ F(x_{i_k}) - F(x_{i_{k-1}}) \right]^{i_k - i_{k-1} - 1} \prod_{k=1}^{r} f(x_{i_k}),$$

$$(2.5.8)$$

其中

$$C = \frac{n!}{(i_1-1)!(i_2-i_1-1)!\cdots(n-i_r)!},$$
$$1 \leq i_1 < i_2 < \cdots < i_r \leq n.$$

为了简洁起见，我们记

$$A = \left[ (X_{j+2:n}, \cdots, X_{n:n}) \mid X_{j+1:n} > s \right],$$
$$B = \left[ (X_{j+2:n}, \cdots, X_{n:n}) \mid X_{j:n} > s \right].$$

令 $f_A$ 和 $f_B$ 分别为条件随机向量 $A$ 和 $B$ 的密度函数。根据多维似然比序的定义，我们只需要证明对 $x_{j+2} \leq \cdots \leq x_n$，$y_{j+2} \leq \cdots \leq y_n$，下式成立

$$f_A(x_{j+2}, \cdots, x_n) f_B(y_{j+2}, \cdots, y_n)$$
$$\leq f_A(x_{j+2} \wedge y_{j+2}, \cdots, x_n \wedge y_{j+2}) f_B(x_{j+2} \vee y_{j+2}, \cdots, x_n \vee y_n).$$

$$(2.5.9)$$

由 (2.5.8)，对 $x_{j+2} \leq \cdots \leq x_n$，有

$$f_A(x_{j+2}, \cdots, x_n)$$
$$= \frac{\partial}{\partial x_{j+2} \cdots, \partial x_n} P(X_{j+2:n} \leq x_{j+2}, \cdots, X_{n:n} \leq x_n \mid X_{j+1:n} > s)$$
$$= \frac{\frac{n!}{j!} \int_s^{x_{j+2}} F^j(u) f(u) \prod_{k=j+2}^n f(x_k) du}{P(X_{j+1:n} > s)}.$$

类似地，对 $y_{j+2} \leq \cdots \leq y_n$，我们有

$$f_B(y_{j+2}, \cdots, y_n)$$
$$= \frac{\partial}{\partial y_{j+2} \cdots \partial y_n} P(X_{j+2:n} \leq y_{j+2}, \cdots, X_{n:n} \leq y_n \mid X_{j:n} > s)$$
$$= \frac{\frac{n!}{(j-1)!} \int_s^{y_{j+2}} F^{j-1}(u) f(u) \prod_{k=j+2}^n f(y_k) [F(y_{j+2}) - F(u)] du}{P(X_{j:n} > s)}.$$

现在，我们欲证不等式 (2.5.9)，只要证明

$$\int_s^{x_{j+2}} F^j(u) f(u) \prod_{k=j+2}^n f(x_k) du$$
$$\cdot \int_s^{y_{j+2}} F^{j-1}(u) f(u) \prod_{k=j+2}^n f(y_k) [F(y_{j+2}) - F(u)] du$$

$$\leq \int_s^{x_{j+2} \wedge y_{j+2}} F^j(u) f(u) \prod_{k=j+2}^n f(x_k \wedge y_k) du$$

$$\cdot \int_s^{x_{j+2} \vee y_{j+2}} F^{j-1}(u) f(u) \prod_{k=j+2}^n f(x_k \vee y_k)$$

$$\cdot \left[ F(x_{j+2} \vee y_{j+2}) - F(u) \right] du .$$

容易验证，当 $x_{j+2} \leq y_{j+2}$ 时，上式成立。对于 $x_{j+2} > y_{j+2}$ 的情形，我们仅需证明

$$\int_s^{x_{j+2}} F^j(u) f(u) du \int_s^{y_{j+2}} F^{j-1}(u) f(u) \left[ F(y_{j+2}) - F(u) \right] du$$

$$\leq \int_s^{y_{j+2}} F^j(u) f(u) du \int_s^{x_{j+2}} F^{j-1}(u) f(u) \left[ F(x_{j+2}) - F(u) \right] du .$$

$$(2.5.10)$$

由 Hu et al. （2007）的推论 4.2（c）和 Hu et al. （2006）的定理 2.1，对 $1 \leq j \leq n-1, s \in \Re_+$，有

$$\left[ X_{j+2:n+1} \mid X_{j+1:n+1} > s \right] \leq_{\mathrm{lr}} \left[ X_{j+2:n} \mid X_{j+1:n} > s \right]$$
$$\leq_{\mathrm{lr}} \left[ X_{j+2:n} \mid X_{j:n} > s \right].$$

这蕴涵着

$$\frac{\int_s^x F^j(u) f(u) du}{\int_s^x F^{j-1}(u) \left[ F(x) - F(u) \right] f(u) du} \text{ 关于 } x \text{ 单调递减。}$$

因此，当 $x_{j+2} > y_{j+2}$ 时，我们有

$$\frac{\int_s^{x_{j+2}} F^j(u)f(u)du}{\int_s^{x_{j+2}} F^{j-1}(u)f(u)[F(x_{j+2})-F(u)]du}$$

$$\leq \frac{\int_s^{y_{j+2}} F^j(u)f(u)du}{\int_s^{y_{j+2}} F^{j-1}(u)f(u)[F(y_{j+2})-F(u)]du}$$

即（2.5.10）式。该定理证毕。

第二个定理阐述了这样一个问题：对任意的 $1 \leq j < i_1 < i_2 < \cdots < i_r \leq n$，条件随机向量 $[(X_{i_1:n}, X_{i_2:n}, \cdots, X_{i_r:n}) | X_{j:n} > s]$ 在多维似然比序意义下关于 $n$ 也是单调递减的。

**定理 2.5.2.** 对任意的 $s \in \Re_+$，

$$[(X_{m:n}, X_{m+1:n}, \cdots, X_{l:n}) | X_{j:n} > s]$$
$$\leq_{lr} [(X_{m':n'}, X_{m'+1:n'}, \cdots, X_{l':n'}) | X_{j':n'} > s],$$

其中 $j < m < l$ 且 $l' - l = m' - m = j' - j \geq \max\{0, n' - n\}$。

**证明：** 与定理 2.5.1 的证明方法类似，我们只需验证

下面这个不等式对于 $x_m \leq \cdots \leq x_l$ 和 $y_m \leq \cdots \leq y_l$ 成立，其中 $j < m < l$ 且 $l' - l = m' - m = j' - j \geq \max\{0, n' - n\}$，

$$\int_s^{x_m} F^{j-1}(u) \left[ F(x_m) - F(u) \right]^{m-j-1} f(u) \overline{F}^{n-l}(x_l) \prod_{k=m}^{l} f(x_k) du$$

$$\cdot \int_s^{y_m} F^{j'-1}(u) \left[ F(y_m) - F(u) \right]^{m'-j'-1} f(u) \overline{F}^{n'-l'}(y_l) \prod_{k=m}^{l} f(y_k) du$$

$$\leq \int_s^{x_m \wedge y_m} F^{j-1}(u) \left[ F(x_m \wedge y_m) - F(u) \right]^{m-j-1}$$

$$\cdot f(u) \overline{F}^{n-l}(x_l \wedge y_l) \prod_{k=m}^{l} f(x_k \wedge y_k) du$$

$$\cdot \int_s^{x_m \vee y_m} F^{j'-1}(u) \left[ F(x_m \vee y_m) - F(u) \right]^{m'-j'-1}$$

$$\cdot f(u) \overline{F}^{n'-l'}(x_l \vee y_l) \prod_{k=m}^{l} f(x_k \vee y_k) du$$

易证，当 $x_m \leq y_m$ 时，该不等式成立。当 $x_m > y_m$ 时，可以等价为证明下式：

$$\overline{F}^{n-l}(x_l) \overline{F}^{n'-l'}(y_l) \int_s^{x_m} F^{j-1}(u) \left[ F(x_m) - F(u) \right]^{m-j-1} f(u) du$$

$$\cdot \int_s^{y_m} F^{j'-1}(u) \left[ F(y_m) - F(u) \right]^{m'-j'-1} f(u) du$$

$$\leq \overline{F}^{n-l}(x_l \wedge y_l) \overline{F}^{n'-l'}(x_l \vee y_l)$$

$$\cdot \int_s^{y_m} F^{j-1}(u) \left[ F(y_m) - F(u) \right]^{m-j-1} f(u) du$$

$$\bullet \int_s^{x_m} F^{j'-1}(u)\big[F(x_m)-F(u)\big]^{m'-j'-1}f(u)\,du. \qquad (2.5.11)$$

由于，对 $l'-l\geqslant \max\{0,n'-n\},x_l,y_l\in \Re_+$，有

$$\overline{F}^{n-l}(x_l)\overline{F}^{n'-l'}(y_l)\leqslant \overline{F}^{n-l}(x_l\wedge y_l)\overline{F}^{n'-l'}(x_l\vee y_l).$$

因此，我们只需证

$$\int_s^{x_m} F^{j-1}(u)\big[F(x_m)-F(u)\big]^{m-j-1}f(u)\,du$$

$$\bullet \int_s^{y_m} F^{j'-1}(u)\big[F(y_m)-F(u)\big]^{m'-j'-1}f(u)\,du$$

$$\leqslant \int_s^{y_m} F^{j-1}(u)\big[F(y_m)-F(u)\big]^{m-j-1}f(u)\,du$$

$$\bullet \int_s^{x_m} F^{j'-1}(u)\big[F(x_m)-F(u)\big]^{m'-j'-1}f(u)\,du.$$

$$(2.5.12)$$

根据 Hu et al.（2007）中的推论 4.2（c），有

$$[X_{m:n}\mid X_{j:n}>s]\leqslant_{\mathrm{lr}}[X_{m':n'}\mid X_{j':n'}>s],s\in \Re_+,$$

其中 $m>j,m'-m=j'-j=n'-n\geqslant 0$。这蕴涵着

$$\frac{\int_s^x F^{j-1}(u)\big[F(x)-F(u)\big]^{m-j-1}f(u)\,du}{\int_s^x F^{j'-1}(u)\big[F(x)-F(u)\big]^{m'-j'-1}f(u)\,du} \quad 关于 \ x \ 单调$$

递减。

所以，当 $x_m > y_m$ 时，

$$\frac{\int_s^{x_m} F^{j-1}(u)\big[F(x_m)-F(u)\big]^{m-j-1}f(u)\,du}{\int_s^{x_m} F^{j'-1}(u)\big[F(x_m)-F(u)\big]^{m'-j'-1}f(u)\,du}$$
$$\leq \frac{\int_s^{y_m} F^{j-1}(u)\big[F(y_m)-F(u)\big]^{m-j-1}f(u)\,du}{\int_s^{y_m} F^{j'-1}(u)\big[F(y_m)-F(u)\big]^{m'-j'-1}f(u)\,du}.$$

事实上，这个不等式等价于（2.5.12），即可得到我们所需结论。该定理证毕。

由定理 2.5.1 和 2.5.2 的结论，我们有

$$\big[(X_{j+1:n}, X_{j+2:n}, \cdots, X_{n-1:n}) \mid X_{j:n} > s\big]$$
$$\leq_{lr} \big[(X_{j+2:n}, X_{j+3:n}, \cdots, X_{n:n}) \mid X_{j+1:n} > s\big]$$
$$\leq_{lr} \big[(X_{j+2:n}, X_{j+3:n}, \cdots, X_{n:n}) \mid X_{j:n} > s\big]$$

和

$$\left[(X_{j+1:n}, X_{j+2:n}, \cdots, X_{n-1:n}) \mid X_{j:n} > s\right]$$
$$\leq_{\mathrm{lr}} \left[(X_{j+2:n+1}, X_{j+3:n+1}, \cdots, X_{n+1:n+1}) \mid X_{j+1:n+1} > s\right]$$
$$\leq_{\mathrm{lr}} \left[(X_{j+2:n+1}, X_{j+3:n+1}, \cdots, X_{n+1:n+1}) \mid X_{j:n+1} > s\right].$$

因此得到下面的推论。

**推论 2.5.1.** 对于 $1 \leq j < n-1, s \in \Re_+$，有
$$\left[(X_{j+1:n}, X_{j+2:n}, \cdots, X_{n-1:n}) \mid X_{j:n} > s\right]$$
$$\leq_{\mathrm{lr}} \left[(X_{j+2:n}, X_{j+3:n}, \cdots, X_{n:n}) \mid X_{j:n} > s\right];$$
$$\left[(X_{j+1:n}, X_{j+2:n}, \cdots, X_{n:n}) \mid X_{j:n} > s\right]$$
$$\leq_{\mathrm{lr}} \left[(X_{j+2:n+1}, X_{j+3:n+1}, \cdots, X_{n+1:n+1}) \mid X_{j:n+1} > s\right].$$

为了得到下面一个定理，我们先引入两个引理。

**引理 2.5.1.** （Karlin, 1968）若 $f(\lambda, x, y) > 0$ 当其中任一个变量固定时，关于另外一对变量是 $\mathrm{TP}_2$，且 $g(\lambda, y)$ 也是 $\mathrm{TP}_2$，则

$$h(\lambda, x) = \int_{\Gamma} f(\lambda, x, y) g(\lambda, y) d\mu(y)$$

关于 $(\lambda, x) \in \Lambda \times \Delta$ 是 $\mathrm{TP}_2$，其中 $\lambda, x, y$ 分别是集合 $\Lambda$，$\Delta$ 和 $\Gamma$ 的子集。

**引理 2.5.2.** 对 $i > j, s_1 < s_2$，有

$$[X_{i:n} \mid X_{j:n} > s_1] \leq_{lr} [X_{i:n} \mid X_{j:n} > s_2].$$

**证明：** 由 (2.5.8)，当 $x > s$ 时，$[X_{i:n} \mid X_{j:n} > s]$ 的概率密度函数可以被写为

$$f_{X_{i:n} \mid X_{j:n} > s}(x) = \frac{\frac{\partial}{\partial x} P(X_{i:n} \leq x, X_{j:n} > s)}{P(X_{j:n} > s)}$$

$$= \frac{\int_s^x f_{X_{j:n}, X_{i:n}}(u, x) \, du}{P(X_{j:n} > s)},$$

其中，$f_{X_{j:n}, X_{i:n} > s}(u, x)$ 是 $X_{j:n}$ 和 $X_{i:n}$ 的联合密度函数。我们只需证明

$$\Delta(s, x) = \frac{\int_s^x f_{X_{j:n}, X_{i:n}}(u, x) \, du}{P(X_{j:n} > s)}$$

$$= \eta(s) C_{j,i,n} \int_{-\infty}^{\infty} I\{s < u \leq x\} F^{j-1}(u)$$

$$\cdot [F(x) - F(u)]^{i-j-1} \overline{F}^{n-i}(x) f(x) f(u) \, du$$

关于 $(s, x) \in \Re_+ \times \Re_+$ 是 $TP_2$，其中 $I\{A\}$ 表示集 $A$ 的示性函数，$\eta(s)$ 是 $s$ 的一个正函数，且

$$C_{j,i,n} = \frac{n!}{(j-1)!(i-j-1)!(n-i)!}.$$

容易验证，当其中一个变量固定时，$L(s,x,u) = I\{s < u \le x\}$ 关于另外一对变量是 $\mathrm{TP}_2$，且

$$M(u,x) = F^{j-1}(u)\big[F(x) - F(u)\big]^{i-j-1}\overline{F}^{n-i}(x)f(x)f(u)$$

关于 $(u,x) \in \mathfrak{R}_+ \times \mathfrak{R}_+$ 也是 $\mathrm{TP}_2$。根据引理 2.5.1，可知 $\Delta(s,x)$ 关于 $(s,x) \in \mathfrak{R}_+ \times \mathfrak{R}_+$ 是 $\mathrm{TP}_2$。该定理证毕。

最后一个定理描述了这样的结论：对任意的 $1 \le j < i_1 < i_2 < \cdots < i_r \le n$，条件随机向量 $\big[(X_{i_1:n}, X_{i_2:n}, \cdots, X_{i_r:n}) | X_{j:n} > s\big]$ 关于 $s \in \mathfrak{R}_+$ 在多维似然比序意义下单调递增。

**定理** 2.5.3. 对于 $1 \le j \le n, s_1 < s_2$，有

$$\big[(X_{j+1:n}, X_{j+2:n}, \cdots, X_{n:n}) | X_{j:n} > s_1\big]$$
$$\le_{\mathrm{lr}} \big[(X_{j+1:n}, X_{j+2:n}, \cdots, X_{n:n}) | X_{j:n} > s_2\big].$$

**证明：** 只需证明

$$\int_{s_1}^{x_{j+1}} F^{j-1}(u) \prod_{k=j+1}^{n} f(x_k)f(u)\,du \int_{s_2}^{y_{j+1}} F^{j-1}(u) \prod_{k=j+1}^{n} f(y_k)f(u)\,du$$

$$\leq \int_{s_1}^{x_{j+1} \wedge y_{j+1}} F^{j-1}(u) \prod_{k=j+1}^{n} f(x_k \wedge y_k) f(u) \, du$$

$$\cdot \int_{s_2}^{x_{j+1} \vee y_{j+1}} F^{j-1}(u) \prod_{k=j+1}^{n} f(x_k \vee y_k) f(u) \, du$$

对于所有的 $s_1 \leq x_{j+1} \leq \cdots \leq x_n$ 和 $s_2 \leq y_{j+1} \leq \cdots \leq y_n$ 成立，其中 $s_1 < s_2$。

显然，当 $x_{j+1} \leq y_{j+1}$ 时，上述不等式成立。而当 $x_{j+1} > y_{j+1}$ 时，我们需要证明

$$\int_{s_1}^{x_{j+1}} F^{j-1}(u) f(u) \, du \int_{s_2}^{y_{j+1}} F^{j-1}(u) f(u) \, du$$
$$\leq \int_{s_1}^{y_{j+1}} F^{j-1}(u) f(u) \, du \int_{s_2}^{x_{j+1}} F^{j-1}(u) f(u) \, du.$$

$$(2.5.13)$$

根据引理 2.5.2，当 $s_2 > s_1$ 时，我们有

$$[X_{j+1:n} \mid X_{j:n} > s_1] \leq_{lr} [X_{j+1:n} \mid X_{j:n} > s_2]。$$

即可推出

$$\frac{\int_{s_2}^{x} F^{j-1}(u) f(u) \, du}{\int_{s_1}^{x} F^{j-1}(u) f(u) \, du} \quad \text{关于 } x \text{ 单调递增。}$$

120

因此，当 $x_{j+1} > y_{j+1}$ 时，（2.5.13）成立。该定理证毕。

接下来，我们考虑对随机向量左端取条件时的在多维似然比序意义下的随机比较，得到如下推论。由于证明方法与定理 2.5.1，定理 2.5.2 和定理 2.5.3 类似，故省略。

**推论 2.5.2.** （1）对于 $1 < j \leq n-1, s \in \Re_+$，有

$$\big[(X_{1:n}, \cdots, X_{j-1:n}) \mid X_{j+1:n} \leq s\big]$$
$$\leq_{\mathrm{lr}}\big[(X_{1:n}, \cdots, X_{j-1:n}) \mid X_{j:n} \leq s\big];$$

（2）对于 $s \in \Re_+, m < l < j, l'-l = m'-m = j'-j \geq \max\{0, n'-n\}$，有

$$\big[(X_{m:n}, X_{m+1:n}, \cdots, X_{l:n}) \mid X_{j:n} \leq s\big]$$
$$\leq_{\mathrm{lr}}\big[(X_{m':n'}, X_{m'+1:n'}, \cdots, X_{l':n'}) \mid X_{j':n'} \leq s\big];$$

（3）对于 $1 < j \leq n, s_1 < s_2$，有

$$\big[(X_{1:n}, \cdots, X_{j-1:n}) \mid X_{j:n} \leq s_1\big]$$
$$\leq_{\mathrm{lr}}\big[(X_{1:n}, \cdots, X_{j-1:n}) \mid X_{j:n} \leq s_2\big].$$

根据推论 2.5.2 中的（1）和（2），我们可以得到推

论 2.5.1 的对偶结论：

**推论 2.5.3.** 对于 $1 \leq j < n-1, s \in \Re_+$，有

$$\left[(X_{1:n}, \cdots, X_{j-2:n}) \mid X_{j:n} \leq s\right]$$
$$\leq_{\mathrm{lr}} \left[(X_{2:n}, \cdots, X_{j-1:n}) \mid X_{j:n} \leq s\right];$$
$$\left[(X_{1:n}, \cdots, X_{j-2:n}) \mid X_{j:n} \leq s\right]$$
$$\leq_{\mathrm{lr}} \left[(X_{2:n+1}, \cdots, X_{j-1:n+1}) \mid X_{j:n+1} \leq s\right].$$

（三）几个应用

本节中，我们将给出本章主要结论在关联系统中的应用。可以得到下面这个推论：

**推论 2.5.4.** (a) 对于 $1 \leq j+1 < i_1 < i_2 < \cdots < i_r \leq n, t \in \Re_+$，成立

$$\left[(X_{i_1:n} - t, \cdots, X_{i_r:n} - t) \mid X_{j+1:n} > t\right]$$
$$\leq_{\mathrm{lr}} \left[(X_{i_1:n} - t, \cdots, X_{i_r:n} - t) \mid X_{j:n} > t\right];$$

(b) 对于 $1 \leq j < i_1 < i_2 < \cdots < i_r \leq n, t \in \Re_+$，成立

$$\left[(X_{i_1:n+1} - t, \cdots, X_{i_r:n+1} - t) \mid X_{j:n+1} > t\right]$$
$$\leq_{\mathrm{lr}} \left[(X_{i_1:n} - t, \cdots, X_{i_r:n} - t) \mid X_{j:n} > t\right];$$

(c) 对于 $1 \leq j < n-1, t \in \Re_+$，成立

$$\left[(X_{j+1:n} - t, \cdots, X_{n-1:n} - t) \mid X_{j:n} > t\right]$$
$$\leq_{\mathrm{lr}} \left[(X_{j+2:n} - t, \cdots, X_{n:n} - t) \mid X_{j:n} > t\right];$$

(d) 对于 $1 \leq j < i_1 < i_2 < \cdots < i_r \leq n, t \leq t_1 < t_2$，成立

$$\left[(X_{i_1:n} - t, \cdots, X_{i_r:n} - t) \mid X_{j:n} > t_1\right]$$
$$\leq_{\mathrm{lr}} \left[(X_{i_1:n} - t, \cdots, X_{i_r:n} - t) \mid X_{j:n} > t_2\right].$$

　　一个系统元件的精确失效时间通常是不观测的。考虑一个具有 $n$ 个独立同分布元件的关联系统，仅知道元件是在时刻 $t$ 之前失效。将已经工作到时刻 $t$ 仍未失效的这些元件组成一个新的关联子系统，则这个新系统中的每个元件都具有年龄 $t$。研究这样一个关联子系统的随机行为对于可靠性工程师而言具有非常重要的意义。推论 2.5.4 展现了在似然比序意义下，这种关联系统的几种不同的结果，这对于设计可靠性系统是非常有帮助的。例如，推论 2.5.4 (c) 说明：当我们观察到在时刻 $t$，最大失效元件数不超过 $j-1$ 时，则由第 $(j+2)$ 个到第 $n$ 个元件所组成的关联子系统在多维似然比序意义下优于由第 $(j+1)$ 个到第 $n-1$ 个元件所组成的关联子系统。

　　由于精确失效时间的不观测性，研究休止时间：$[t-X \mid X \leq t]$ 也具有非常重要的意义，休止时间是指从某一元件

失效到时刻 $t$ 已经过去的时间。此概念与故障检测数据具有紧密的联系，它可以被看作系统失效时已经失效的元件的相关信息。关于故障检测数据的详细讨论，参考 Meilijson（1981），Gåsemyr & Natvig（1998），以及 Gåsemyr & Natvig（2001）。这种休止时间的随机性质的研究也将有助于制定维修和替换策略以及进行更合理的系统设计。我们给出下面的推论：

**推论 2.5.5.** （a）对 $1 \leq i_1 < i_2 < \cdots < i_r < j \leq n-1$，$t \in \Re_+$，成立

$$\left[(t - X_{i_1:n}, \cdots, t - X_{i_r:n}) \mid X_{j+1:n} \leq t\right]$$
$$\geq_{\mathrm{lr}} \left[(t - X_{i_1:n}, \cdots, t - X_{i_r:n}) \mid X_{j:n} \leq t\right];$$

（b）对于 $1 \leq i_1 < i_2 < \cdots < i_r < j \leq n, t \in \Re_+$，成立

$$\left[(t - X_{i_1:n+1}, \cdots, t - X_{i_r:n+1}) \mid X_{j:n+1} \leq t\right]$$
$$\geq_{\mathrm{lr}} \left[(t - X_{i_1:n}, \cdots, t - X_{i_r:n}) \mid X_{j:n} \leq t\right];$$

（c）对于 $1 \leq j < n-1, t \in \Re_+$，成立

$$\left[(t - X_{1:n}, \cdots, t - X_{j-2:n}) \mid X_{j:n} \leq t\right]$$
$$\geq_{\mathrm{lr}} \left[(t - X_{2:n}, \cdots, t - X_{j-1:n}) \mid X_{j:n} \leq t\right];$$

（d）对于 $1 \leq i_1 < i_2 < \cdots < i_r \leq j \leq n$ 和 $t \leq t_1 \leq t_2$ 有

$$\left[(t - X_{i_1:n}, \cdots, t - X_{i_r:n}) \mid X_{j:n} \leq t_1\right]$$
$$\geq_{\mathrm{lr}} \left[(t - X_{i_1:n}, \cdots, t - X_{i_r:n}) \mid X_{j:n} \leq t_2\right].$$

Asadi (2006)，Hu et al. （2006）和 Khaledi & Shaked （2007）中的结论都可以看作以上推论的特殊情形。

# 第三章
# 广义次序统计量的随机比较

本章我们将分别在一样本和两样本情形下，考虑广义次序统计量关于寿命分布类 DRHR 的封闭性，以及当参数 $m_i$ 各不相同时，条件广义次序统计量在通常随机序和似然比序意义下的随机比较。

## 一、广义次序统计量与常见的寿命分布类

这一节我们介绍广义次序统计量及其几种特殊的子模型和常见的寿命分布类。

### （一）广义次序统计量

广义次序统计量是通过对均匀广义次序统计量作变换产生的，而均匀广义次序统计量则通过联合密度的方式来定义。

**定义** 3.1.1.（Kamps，1995a）设 $n \in \mathbb{N}, k > 0, m_1, \ldots,$ $m_{n-1} \in \Re$，$M_r = \sum_{j=r}^{n-1} m_j$，$1 \leq r \leq n-1$，使得 $\gamma_{r,n} = k + n - r + M_r > 0, r = 1, \ldots, n-1$。当 $n \geq 2$ 时，记 $\widetilde{m}_n = (m_1,$

$\ldots, m_{n-1}$ )（$n = 1$ 时，$\widetilde{m}_n$ 为任意实数）。若随机变量 $U_{(r,n,\widetilde{m}_n,k)}$，$r = 1, \ldots, n$，具有联合密度函数

$$f_{U_{(1,n,\widetilde{m}_n,k)}, \ldots, U_{(n,n,\widetilde{m}_n,k)}}(u_1, \ldots, u_n)$$
$$= k \left( \prod_{j=1}^{n-1} \gamma_{j,n} \right) \left( \prod_{i=1}^{n-1} (1 - u_i)^{m_i} \right) (1 - u_n)^{k-1} ,$$

其中 $0 \leq u_1 \leq u_2 \leq \cdots \leq u_n < 1$，则称 $U_{(1,n,\widetilde{m}_n,k)}, \ldots,$ $U_{(n,n,\widetilde{m}_n,k)}$ 为均匀广义次序统计量。对任意给定的一个分布函数 $F$，则称随机变量

$$X_{(r,n,\widetilde{m}_n,k)} = F^{-1}(U_{(r,n,\widetilde{m}_n,k)}) , \quad r = 1, \ldots, n,$$

为基于 $F$ 的广义次序统计量，其中 $F^{-1}$ 表示 $F$ 的反函数，定义为

$$F^{-1}(u) = \sup\{x : F(x) \leq u\}, u \in [0,1].$$

特别地，当 $m_1 = \cdots = m_{n-1} = m$ 时，上述随机变量分别记为 $U_{(r,n,m,k)}$ 和 $X_{(r,n,m,k)}$，其中 $r = 1, \ldots, n$。

为了叙述的简便，今后在不引起混淆的情况下，$\gamma_{r,n}$ 和 $\widetilde{m}_n$ 中的角标 $n$ 将被省略。

广义次序统计量也具有 Markov 性质，对应的转移概

率为

$$P\left[X_{(r,n,\widetilde{m},k)} > t \mid X_{(r-1,n,\widetilde{m},k)} = s\right] = \left(\frac{\overline{F}(t)}{\overline{F}(s)}\right)^{\gamma_{r,n}},$$

$$(3.1.1)$$

其中 $t \geq s, r = 2, \cdots, n$。

　　广义次序统计量是序贯次序统计量的一个子类，包含了许多概率统计中常用的有序变量的随机模型，例如，通常次序统计量、记录值、$k$ - 记录值、Pfeifer 记录值、累进 II 型删失次序统计量、多维不完全修理下的次序统计量等。具体的参数对应关系见表 3-1。从表 3-1 我们容易看出，基于分布 $F$ 的通常次序统计量对应广义次序统计量参数 $k = 1$，$\widetilde{m}_n = (0, \cdots, 0)$；而当 $k = 1$，$\widetilde{m}_n = (-1, \cdots, -1)$ 时，我们就得到基于分布 $F$ 的一个非负独立同分布随机变量序列的前 $n$ 个记录值。

表 3-1　广义次序统计量与常见的子模型之间的参数对应关系

| 模　型 | $k$ | $m_r$ ($1 \leq r \leq n-1$) | $\gamma_{r,n}$ ($1 \leq r \leq n-1$) |
|---|---|---|---|
| 通常次序统计量 | 1 | 0 | $n-r+1$ |
| 记录值 | 1 | $-1$ | 1 |
| $k$ - 记录值 | $k$ | $-1$ | $k$ |
| Pfeifer 记录值 | $\beta_n$ | $\beta_r - \beta_{r+1} - 1$ | $\beta_r$ |

| 累进 II 型删失次序统计量 | $R_n+1$ | $R_r$ | $N-r+1-\sum_{i=1}^{r-1}R_i$ |
|---|---|---|---|
| 序贯次序统计量 | $\alpha_n$ | $(n-r+1)\alpha_r-$ $(n-r)\alpha_{r+1}-1$ | $(n-r+1)\alpha_r$ |
| 多维不完全修理下的次序统计量 | $p_n$ | $(n-r+1)p_r-$ $(n-r)p_{r+1}-1$ | $(n-r+1)p_r$ |

更详细的讨论，请参见 Kamps（1995a，1995b）。众多研究者对广义顺序统计量从各种不同的角度和方向进行了研究；参见 Keseling（1999），Cramer & Kamps（2001a，2001b，2003），Franco et al.（2002），Cramer et al.（2002），Belzunce et al.（2005），Hu & Zhuang（2005a，2005b，2006）和 Hu et al.（2007）等。

（二）通常次序统计量

设 $X_1,\cdots,X_n$ 是 $n$ 个随机变量，若 $X_{k:n}$ 是 $X_1,\cdots,X_n$ 中的第 $k$ 个最小值，$k=1,\cdots,n$，则称 $X_{1:n}\leq\cdots\leq X_{n:n}$ 是对应于 $X_1,\cdots,X_n$ 的（通常）次序统计量。设 $X_1,\cdots,X_n$ 独立同分布，并具有绝对连续分布函数 $F$ 和密度函数 $f$，则由 $X_1,\cdots,X_n$ 产生的通常次序统计量具有联合密度函数为

$$f_{X_{1:n},\cdots,X_{n:n}}(x_1,\cdots,x_n)=n!\prod_{i=1}^{n}f(x_i)\ ,\ x_1\leq\cdots\leq x_n.$$

通常次序统计量构成了一个 Markov 链，相应的转移概

率为：

$$P\left[X_{r:n} > t \mid X_{r-1:n} = s\right] = \left(\frac{1-F(t)}{1-F(s)}\right)^{n-r+1}, 2 \leq r \leq n.$$

通常次序统计量在可靠性理论、数据分析、拟合检验、统计推断等众多领域已经得到了广泛的研究，其相关分布理论、性质和 统计应用的论述可以参见 David（1981），Balakrishnan & Cohen（1991），Arnold，Balakrishnan & Nagaraja（1992）和 Balakrishnan & Rao（1998a，b）。

（三）累进 II 型删失次序统计量

在累进 II 型删失试验中，考虑 $N$ 个同型独立元件，即元件的寿命变量独立同分布，分别记为 $X_1, \cdots, X_N$。时刻 0 时 $N$ 个元件投入测试，当第 $i$ 次失效发生时，从剩余存活的元件中随机选取 $R_i$ 个，让这 $R_i$ 个元件退出测试，这里 $i = 1, \cdots, n$，且 $(R_1, \cdots, R_n)$ 事先给定，满足 $N = n + R_1 + \cdots + R_n$。这样，在整个试验中，我们 一共观测到 $n$ 个元件的失效。这 $n$ 个元件的失效时刻被称为累进 II 型删失次序统计量，分别记为 $X_{1:n,N}^{R} \leq X_{2:n,N}^{R} \leq \cdots \leq X_{n:n,N}^{R}$，其中 $\boldsymbol{R} = (R_1, \cdots, R_n)$。

$(X_{1:n,N}^{R}, \cdots, X_{n:n,N}^{R})$ 的联合密度为

$$g(t_1, \cdots, t_n) = c \prod_{i=1}^{n} f(t_i) \left[ \overline{F}(t_i) \right]^{R_i}, \ t_1 < \cdots < t_n,$$

其中，$c$ 为正则化常数。另外，（$X_{1:n,N}^{R}, \cdots, X_{n:n,N}^{R}$）也构成 Markov 链，其转移概率为

$$P(X_{r:n,N}^{R} > t \mid X_{r-1:n,N}^{R} = s) = \left( \frac{\overline{F}(t)}{\overline{F}(s)} \right)^{N - \sum_{i=1}^{r-1} R_i - r + 1},$$

其中 $t \geq s, r \geq 2$ 。

关于累进 II 型删失模型的研究主要围绕以下三个方面：发展其分布理论，推导有关矩的上下界，寻找这种类型次序统计量的应用。详细论述可参见 Balakrishnan, Cramer & Kamps (2001)，Kamps & Cramer (2001) 和 Balakrishnan & Aggarwala (2000)。

### （四）常见的寿命分布类

为了介绍常见的分布类，我们先引进多维 log‐concave [log‐convex] 函数的定义。

**定义** 3.1.2. 设 $\mathcal{X}$ 为 $\mathfrak{R}^n$ 的一个凸子集，函数 $\phi: \mathcal{X} \to \mathfrak{R}_+$ 称为满足 log‐concave [log‐convex] 性质，若对任意 $\alpha \in (0,1)$，

$$\phi(\alpha \mathbf{x} + (1-\alpha)\mathbf{y}) \geq [\leq] [\phi(\mathbf{x})]^{\alpha} [\phi(\mathbf{y})]^{1-\alpha}, \ \forall \mathbf{x}, \mathbf{y} \in \mathcal{X}.$$

**注** 3. 1. 1. 值得注意的是，若 $f$ 是 log - concave，则 $F$ 和 $\overline{F}$ 均为 log - concave（见 Chandra & Roy，2001；Barlow & Proschan，1981，p. 77）。若 $f$ 是 log - convex，则 $\overline{F}$ 是 log - convex，而 $F$ 是 log - concave（见 Sengupta & Nanda，1999）。

**定义** 3. 1. 3. 设 $X$ 是一个随机变量具有分布函数 $F$，称 $X$ 或 $F$ 为

（1）ILR（似然比递增）[DLR（似然比递减）]，若它的密度函数 $f(x)$ 关于 $x \in \Re_+$ 为 log - concave [log - convex]；

（2）IFR（失效率递增）[DFR（失效率递减）]，若失效率函数 $\lambda(x)$ 关于 $x \in \Re_+$ 递增 [递减]，或等价的，若 $\overline{F}(x)$ 关于 $x \in \Re_+$ 为 log - concave [log - convex]；

（3）DRHR（反向失效率递减）[ IRHR（反向失效率递增）]，若反向失效率函数 $\eta(x)$ 关于 $x \in \Re_+$ 递减 [递增]，或等价的，若 $F(x)$ 关于 $x \in \Re_+$ 为 log - concave [log - convex]。

Block，Savits & Singh（1998）进一步指出，若 $\overline{F}$ 是 log - convex，则 $F$ 是 log - concave，因此，

$$\text{ILR} \Rightarrow \text{IFR, DRHR;}$$
$$\text{DLR} \Rightarrow \text{DFR} \Rightarrow \text{DRHR.}$$

有关寿命分布类的更进一步的讨论，请参见 Barlow &

Proschan（1981），Marshall & Olkin（2007）。

我们将对本章作如下的安排：第二节考虑广义次序统计量关于寿命分布类 DRHR 的封闭性，第三节研究了两样本情形，一般参数条件下条件广义次序统计量的随机比较。

## 二、广义次序统计量的 DRHR 封闭性

本节我们将研究参数 $m_1 = \cdots = m_{n-1} = m$ 时，广义次序统计量关于 DRHR 的封闭性。扩展了 Kamps（1995a）和 Cramer & Kamps（2001a）对广义次序统计量关于 IFR 和 DFR 的封闭性的研究结果，且所采用的方法与 Kamps（1995a）中的方法有着本质的不同。

## （一）引言

假设 $X$ 是绝对连续的随机变量，分别具有密度函数 $f$ 和生存函数 $\overline{F}$。当参数 $m_1 = \cdots = m_{n-1} = m$ 时，基于 $\overline{F}$ 的第 $r$ 个广义次序统计量 $X_{(r,n,m,k)}$ 的边缘分布和密度函数均具有封闭的形式，且 $\gamma_{r,n} = k + (n-r)(m+1)$，$r = 1, \cdots, n$。因此，$X_{(r,n,m,k)}$ 的密度函数和分布函数分别为：

$$f_{X_{(r,n,m,k)}}(x)$$

$$= \frac{c_{r-1,n}}{(r-1)!} \overline{F}^{\gamma_{r,n}-1}(x) g_m^{r-1}(F(x)) f(x), \qquad (3.2.1)$$

$$F_{X_{(r,n,m,k)}}(x)$$

$$= \int_{-\infty}^{x} \frac{c_{r-1,n}}{(r-1)!} (1-F(v))^{\gamma_{r,n}-1} (g_m(F(v)))^{r-1} f(v) dv$$

$$= \int_{0}^{F(x)} \frac{c_{r-1,n}}{(r-1)!} (1-s)^{\gamma_{r,n}-1} (g_m(s))^{r-1} ds$$

$$= \int_{0}^{1} \frac{c_{r-1,n}}{(r-1)!} (1-F(x)u)^{\gamma_{r,n}-1} (g_m(F(x)u))^{r-1} F(x) du,$$

$$(3.2.2)$$

其中 $c_{r-1,n} = \prod_{i=1}^{r} \gamma_{i,n}$ , $\gamma_{n,n} = k$ , 且

$$g_m(x) = \begin{cases} \dfrac{1}{m+1}[1-(1-x)^{m+1}], & m \neq -1, \\ -\ln(1-x), & m = -1. \end{cases}$$

下面分三部分来陈述本章的主要结果：第（二）部分讨论广义次序统计量关于 DRHR 的封闭性质和两个有趣的应用；第（三）部分对 Kamps（1995a）中的结果给出了一个更简洁的证明方法；第（四）部分研究寿命类 IUPL（increasing uncertainty in past time）的转换性质。

（二）寿命分布类的封闭性

在实际生活中，通常一个系统元件的精确失效时间是不观测的，因而非参数寿命分布类，例如，IFR，DFR 和 DRHR 在维修策略和系统分析领域具有非常重要的意义。

在第一节中，我们已经给出了常用的几个分布类的定义。

假设 $X_{(r,n,m,k)}$ 的失效率函数和反向失效率函数分别为 $\lambda_{X_{(r,n,m,k)}}(x)$ 和 $\eta_{X_{(r,n,m,k)}}(x)$。Kamps（1995a），Cramer & Kamps（2001a）研究了广义次序统计量关于 IFR 和 DFR 的封闭性质。

**事实** 3.2.1.（i）对任意给定 $r \leqslant n-1$，

$$X_{(r,n,m,k)} \in \text{IFR} \Rightarrow X_{(r+1,n,m,k)} \in \text{IFR}$$
$$\text{且 } X_{(r+1,n,m,k)} \in \text{DFR} \Rightarrow X_{(r,n,m,k)} \in \text{DFR}.$$

（ii）对任意给定 $r \leqslant n$，若 $m \geqslant -1$，

$$X_{(r,n+1,m,k)} \in \text{IFR} \Rightarrow X_{(r,n,m,k)} \in \text{IFR}$$
$$\text{且 } X_{(r,n,m,k)} \in \text{DFR} \Rightarrow X_{(r,n+1,m,k)} \in \text{DFR};$$

若 $m < -1$，

$$X_{(r,n+1,m,k)} \in \text{DFR} \Rightarrow X_{(r,n,m,k)} \in \text{DFR}$$
$$\text{且 } X_{(r,n,m,k)} \in \text{IFR} \Rightarrow X_{(r,n+1,m,k)} \in \text{IFR}.$$

（iii）对任意给定 $r \leqslant n$，

$$X_{(r,n,m,k)} \in \text{IFR} \Rightarrow X_{(r+1,n+1,m,k)} \in \text{IFR}$$
$$\text{且 } X_{(r+1,n+1,m,k)} \in \text{DFR} \Rightarrow X_{(r,n,m,k)} \in \text{DFR}.$$

在第（三）部分中，我们将给出事实 3.2.1 的一个更简洁的证明。

接下来，我们将研究广义次序统计量关于 DRHR 的封闭性质。值得注意的是 Kundu et al.（2008）研究了 DRHR 在通常次序统计量和记录值下的封闭性。本书中，我们将在更一般的模型（即广义次序统计量）下进行研究。首先我们给出两个本章定理证明中需要用到的引理。

第一个引理在证明一个分子和分母都具有积分形式的分式关于某个参数 $\theta$ 的单调性时，将是一个非常有效的工具。

**引理 3.2.1.**（Misra & van der Meulen，2003）设 $\Theta$ 是实数域 $\Re$ 的一个子集，$X$ 是一个非负随机变量，其分布函数属于分布函数族 $\mathcal{P} = \{G(\cdot \mid \theta), \theta \in \Theta\}$，该分布族满足

$$G(\cdot \mid \theta_1) \leq_{\mathrm{st}} [\geq_{\mathrm{st}}] G(\cdot \mid \theta_2), \forall \theta_1, \theta_2 \in \Theta, \theta_1 < \theta_2.$$

设 $\Psi(x, \theta)$ 是定义在 $\Re \times \Theta$ 上的实值函数，满足对任取的 $\theta$，$\mathbb{E}_\theta[\Psi(X, \theta)]$ 存在，且 $\Psi(x, \theta)$ 关于 $X$ 可测。

（i）若 $\Psi(x, \theta)$ 关于 $\theta$ 单调增，关于 $x$ 单调递增［递减］，则 $\mathbb{E}_\theta[\Psi(X, \theta)]$ 关于 $\theta$ 单调增；

（ii）若 $\Psi(x, \theta)$ 关于 $\theta$ 单调减，关于 $x$ 单调递减［递增］，则 $\mathbb{E}_\theta[\Psi(X, \theta)]$ 关于 $\theta$ 单调减。

在具体应用引理 3.2.1 时，先构造一个依赖于参数 $\theta$ 的随机变量的分布族 $\mathcal{P} = \{G(\cdot \mid \theta), \theta \in \Theta\}$，然后把该分式

表达成一个随机变量函数的期望 $\mathbb{E}_\theta[\Psi(X,\theta)]$，再验证函数 $\Psi(X,\theta)$ 的单调性以及分布族 $\mathcal{P}$ 关于参数 $\theta$ 的随机单调性。

**引理 3.2.2.** 以下两个结论成立：

(i) 若 $0 \leq v_1 \leq v_2 \leq 1$，则 $(1-xv_1)/(1-xv_2)$ 关于 $x \geq 0$ 单调递增；

(ii) 若 $m \geq 0$ 且 $0 \leq v_1 \leq v_2 \leq 1$，则 $g_m(xv_1)/g_m(xv_2)$ 关于 $x \geq 0$ 单调递增。

**证明：** (i) 这个结论可以直接由以下事实得到：

$$\frac{1-xv_1}{1-xv_2} = 1 + \frac{v_2-v_1}{\dfrac{1}{x}-v_2}$$

关于 $x \geq 0$ 单调递增，对于所有 $0 \leq v_1 \leq v_2 \leq 1$。

(ii) 若 $m \geq 0$ 且 $0 \leq v_1 \leq v_2 \leq 1$，我们记

$$H(x) = \frac{g_m(xv_1)}{g_m(xv_2)} = \frac{1-(1-xv_1)^{m+1}}{1-(1-xv_2)^{m+1}}.$$

现在仅需证明 $H'(x) \geq 0$，或等价地，

$$\frac{1-(1-xv_1)^{m+1}}{1-(1-xv_2)^{m+1}} \leq \frac{v_1(1-xv_1)^m}{v_2(1-xv_2)^m}. \tag{3.2.3}$$

令 $h(x) = (1 - xv_1)^{m+1}$，$g(x) = (1 - xv_2)^{m+1}$，(3.2.3) 等价于

$$\frac{h(0) - h(x)}{g(0) - g(x)} \leq \frac{v_1(1 - xv_1)^m}{v_2(1 - xv_2)^m}.$$

利用柯西定理知，存在 $\zeta \in (0, x)$，使得

$$\frac{h'(\zeta)}{g'(\zeta)} = \frac{h(0) - h(x)}{g(0) - g(x)} = \frac{v_1(1 - \zeta v_1)^m}{v_2(1 - \zeta v_2)^m}.$$

另一方面，由（i），对于任意的 $\zeta \in (0, x)$，有

$$\left[\frac{(1 - \zeta v_1)}{(1 - \zeta v_2)}\right]^m \leq \left[\frac{(1 - xv_1)}{(1 - xv_2)}\right]^m.$$

因此 (3.2.3) 成立。综上，该引理证毕。

现在，我们给出本节的主要定理。

**定理 3.2.1.** 若 $X$ 是 DRHR 且 $m \geq 0$，$\gamma_{r,n} \geq 1$，则对任意 $r$，$X_{(r,n,m,k)}$ 也是 DRHR.

**证明：** $X_{(r,n,m,k)}$ 的反向失效率函数为

$$\eta_{X(r,n,m,k)}(x) = \frac{f_{X(r,n,m,k)}(x)}{F_{X(r,n,m,k)}(x)}$$

$$= \eta(x)\left\{\int_0^1 \left[\frac{1-F(x)v}{1-F(x)}\right]^{\gamma_{r,n}-1}\right.$$

$$\left. \cdot \left[\frac{g_m(F(x)v)}{g_m(F(x))}\right]^{\gamma-1} dv\right\}^{-1}$$

$$= \eta(x)\theta(x),$$

其中

$$\theta(x) = \left\{\int_0^1 \left[\frac{1-F(x)v}{1-F(x)}\right]^{\gamma_{r,n}-1}\left[\frac{g_m(F(x)v)}{g_m(F(x))}\right]^{\gamma-1} dv\right\}^{-1}.$$

根据引理 3.2.2，可知当 $m \geq 0$ 时，$[(1-F(x)v)/(1-F(x))]^{\gamma_{r,n}-1}$ 和 $[g_m(F(x)v)/g_m(F(x))]^{\gamma-1}$ 关于 $x$ 单调递增。这意味着 $\theta(x)$ 关于 $x$ 单调递减，从而得到我们所需的结论。综上，该定理证毕。

事实上，定理 3.2.1 也可以由 Hu & Zhuang（2005a）中的定理 3.2 和 Belzunce，Ruiz & Ruiz（2002）中的 (2.6) 得到。

**定理 3.2.2.** 若 $X$ 是 DRHR 且 $m \geq 0, \gamma_{r,n} \geq 1$，则

(i) $X_{(r-1,n,m,k)}$ 是 DRHR；

(ii) $X_{(r,n+1,m,k)}$ 是 DRHR；

(iii) $X_{(r,n,m,k+1)}$ 是 DRHR.

**证明：**对于任意的 $r \in \{1, \cdots, n\}$ 和 $r^* \in \{1, \cdots, n^*\}$，我们有

$$\frac{\eta_{X(r,n,m,k)}(x)}{\eta_{X(r^*,n^*,m,k)}(x)}$$

$$= \frac{\int_0^1 \left[\dfrac{1-F(x)v}{1-F(x)}\right]^{\gamma_{r^*,n^*}-1} \left[\dfrac{g_m(F(x)v)}{g_m(F(x))}\right]^{r^*-1} dv}{\int_0^1 \left[\dfrac{1-F(x)v}{1-F(x)}\right]^{\gamma_{r,n}-1} \left[\dfrac{g_m(F(x)v)}{g_m(F(x))}\right]^{r^*-1} dv}$$

$$= \mathbb{E}\left[\Xi(V,x)\right],$$

其中，$V$ 是一个非负随机变量，其分布函数属于分布函数族 $\mathcal{P} = \{H(\cdot \mid x), x \in \Re\}$，该分布函数族的密度函数满足

$$h_2(v \mid x) = c_2(x) \left[\frac{1-F(x)v}{1-F(x)}\right]^{\gamma_{r,n}-1} \left[\frac{g_m(F(x)v)}{g_m(F(x))}\right]^{r-1},$$

这里 $c_2(x)$ 是正则化常数，而且

$$\Xi(v,x) = \left[\frac{1-F(x)v}{1-F(x)}\right]^{\gamma_{r^*,n^*}-\gamma_{r,n}} \left[\frac{g_m(F(x)v)}{g_m(F(x))}\right]^{r^*-r}.$$

由引理 3.2.2 可知，对于 $x_2 > x_1 > 0$ 和 $m \geq 0$，

$$\frac{h_2(v \mid x_2)}{h_2(v \mid x_1)} \propto \left[\frac{1-F(x_2)v}{1-F(x_1)v}\right]^{r,n-1} \left[\frac{g_m(F(x_2)v)}{g_m(F(x_1)v)}\right]^{r-1}$$

关于 $v \in (0,1)$ 是单调递减的．因此，对于任意的 $m \geq 0$，

$$H(\cdot \mid x_1) \geq_{\mathrm{lr}} H(\cdot \mid x_2), x_2 > x_1 > 0,$$

该式蕴含了

$$H(\cdot \mid x_1) \geq_{\mathrm{st}} H(\cdot \mid x_2)。$$

（i）首先，注意到

$$\frac{\eta_{X(r,n,m,k)}(x)}{\eta_{X(r-1,n,m,k)}(x)} = \mathbb{E}_x\big[\Xi_1(V,x)\big],$$

其中

$$\begin{aligned}
\Xi_1(v,x) &= \left[\frac{1-F(x)v}{1-F(x)v}\right]^{m+1}\left[\frac{g_m(F(x)v)}{g_m(F(x)v)}\right]^{-1}\\
&= \frac{(1-F(x))^{-(m+1)}-1}{(1-F(x)v)^{-(m+1)}-1}.
\end{aligned}$$

易知当 $m \geq -1$ 时，$\Xi_1(v,x)$ 关于 $v$ 单调递减。类似引理 3.2.2（ii）的证明，应用柯西定理可得到，当 $m \geq 0$ 时，$\Xi_1(v,x)$ 关于 $x \geq 0$ 单调递增。再次应用引理 3.2.1 即可得到当 $m \geq 0$ 时，$\mathbb{E}_x(V,x)$ 关于 $x \geq 0$ 单调递增。

（ii）注意到

$$\frac{\eta_{X(r,n,m,k)}(x)}{\eta_{X(r-1,n,m,k)}(x)} = \mathbb{E}_x\big[\Xi_1(V,x)\big],$$

其中

$$\Xi_2(v,x) = \left[\frac{1-F(x)v}{1-F(x)}\right]^{m+1}.$$

显然，$\Xi_2(v,x)$ 关于 $v \geq 0$ 单调递减且关于 $x \geq 0$ 单调递增。由引理 3.2.1，我们易知，当 $m \geq 0$ 时，$\mathbb{E}_x\big[\Xi_2(V,x)\big]$ 关于 $x$ 单调递增。

(iii) 最后，我们考虑

$$\frac{\eta_{X(r,n,m,k)}(x)}{\eta_{X(r-1,n,m,k+1)}(x)}$$

$$= \frac{\int_0^1 \left[\dfrac{1-F(x)v}{1-F(x)}\right]^{k+(n-r)(m+1)+1} \left[\dfrac{g_m(F(x)v)}{g_m(F(x))}\right]^{r-1} dv}{\int_0^1 \left[\dfrac{1-F(x)v}{1-F(x)}\right]^{k+(n-r)(m+1)} \left[\dfrac{g_m(F(x)v)}{g_m(F(x))}\right]^{r-1} dv}$$

$$= \mathbb{E}\big[\Xi_3(V,x)\big],$$

其中

$$\Xi_3(v,x) = \frac{1-F(x)v}{1-F(x)}.$$

由引理 3.2.1，可知当 $m \geq 0$ 时，$\mathbb{E}_x\big[\Xi_3(V,x)\big]$ 关于 $x \geq 0$

单调递增。综上，该定理证毕。

**注** 3.2.1. 需要说明的是，上述定理可以被应用于通常次序统计量和累进 Ⅱ 型删失次序统计量等模型，但是对于记录值模型，由于条件 $m \geq 0$ 的限定，该定理并不成立。

接下来，我们将给出本节主要结果的几个有趣的应用。

1. 通常次序统计量。设 $X_1, \cdots, X_n$ 是 $n$ 个随机变量，若 $X_{k:n}$ 是 $X_1, \cdots, X_n$ 中的第 $k$ 个最小值，则称 $X_{1:n} \leq \cdots \leq X_{n:n}$ 是对应于 $X_1, \cdots, X_n$ 的（通常）次序统计量。

在定理 3.2.1 和 3.2.2 中取参数 $m = 0$ 和 $k = 1$，即可得到关于通常次序统计量的以下推论。

**推论** 3.2.1. (i) 若 $X$ 是 DRHR，则 $X_{r:n}$ 也是 DRHR，$r \in \{1, \cdots, n\}$；

(ii) 若 $X_{r:n}$ 是 DRHR，则 $X_{r-1:n}$ 与 $X_{r:n+1}$ 也是 DRHR.

2. 累进 Ⅱ 型删失次序统计量。在累进 Ⅱ 型删失试验中，考虑 $N$ 个同型独立元件，元件的寿命分布为 $F$。在删失策略 $\mathbf{R} = (R_1, \cdots, R_n)$ 之下，我们一共观测到 n 个元件的失效时刻，即累进 Ⅱ 型删失次序统计量 $X_{1:n,N}^{\mathbf{R}} \leq X_{2:n,N}^{\mathbf{R}} \leq \cdots \leq X_{n:n,N}^{\mathbf{R}}$，这里 $\mathbf{R}$ 满足约束条件 $N = n + R_1 + \cdots + R_n$. 累进 Ⅱ 型删失次序统计量的参数 $\alpha_i$ 依赖于 $\mathbf{R}$，记为 $\alpha_{i,\mathbf{R}}$，满足

$$\alpha_{i,\mathbf{R}} = \frac{n-i+1+\sum_{j=i}^{n}R_j}{n-i+1}, i = 1, \cdots, n.$$

进一步假设 $R_1 = \cdots = R_{m-1} = R$。在定理 3.2.1 和 3.2.2 中，令 $m = R, n = m$，我们有如下的推论：

**推论** 3.2.2. (i) 若 $X$ 是 DRHR，则 $X_{r,m,N}^{R,R_m}$ 也是 DRHR，$r \in \{1, \cdots, m\}$；

(ii) 若 $X_{r,m,N}^{R,R_m}$ 是 DRHR，则 $X_{r-1,m,N}^{R,R_m}, X_{r,m+1,N_1}^{R,R_m}$ 和 $X_{r,m,N_2}^{R,R_m}$ 也是 DRHR，这里 $N_1 = R_m + m + 1 + mR$ 且 $N_2 = R_m + m + 1 + (m-1)R$.

（三）事实 3.2.1 的证明

现在我们给出事实 3.2.1 的不同于 Kamps（1995a）中另一种证明方法，它的方法更为简洁。

这里，我们仅给出关于 IFR 的证明。关于 DFR 的证明可由同样的方法得到，故省去。$X_{(r,n,m,k)}$ 的生存函数可写为

$$\overline{F}_{X_{(r,n,m,k)}}(x)$$

$$= \int_x^{+\infty} \frac{c_{r-1,n}}{(r-1)!} (1 - F(v))^{\gamma_{r,n}-1} (g_m(F(v)))^{r-1} f(u) dv$$

$$= \int_{F(x)}^{1} \frac{c_{r-1,n}}{(r-1)!} (1 - s)^{\gamma_{r,n}-1} (g_m(s))^{r-1} ds$$

144

$$= \int_0^1 \frac{c_{r-1,n}}{(r-1)!} ((1-u)\,\overline{F}(x))^{\gamma_{r,n}-1} (g_m(F(x)$$

$$+ u\,\overline{F}(x)))^{r-1}\,\overline{F}(x)du.$$

因此，$X_{(r,n,m,k)}$ 的失效率函数为

$$\lambda_{X_{(r,n,m,k)}}(x) = \frac{f_{X_{(r,n,m,k)}}(x)}{F_{X_{(r,n,m,k)}}(x)}$$

$$= \lambda(x) \left\{ \int_0^1 (1-\mu)^{\gamma_{r,n*1}} [\delta(u,x)]^{r-1} du \right\}^{-1}$$

$$(3.2.4)$$

其中

$$\delta(u,x) = \begin{cases} \dfrac{1-[(1-u)\,\overline{F}(x)]^{m+1}}{1-(\overline{F}(x))^{m+1}}, & m \neq -1; \\[3mm] \dfrac{\ln[(1-u)\,\overline{F}(x)]}{\ln(\overline{F}(x))}, & m = -1. \end{cases}$$

我们有

$$\frac{\lambda_{X(r,n,m,k)}(x)}{\lambda_{X(r^*,n^*,m,k)}(x)} = \frac{\int_0^1 (1-\mu)^{\gamma_{r^*,n^*-1}} [\delta(u,x)]^{r^*-1} du}{\int_0^1 (1-\mu)^{\gamma_{r,n-1}} [\delta(u,x)]^{r-1} du}$$

$$= \mathbb{E}_x\big[\Psi(U,x)\big],$$

其中，非负随机变量 $U$ 的分布函数属于分布函数族 $P = \{H(\cdot \mid x), x \in \Re\}$，该分布族的密度函数为

$$h_1(u \mid x) = c_1(x)(1-u)^{\gamma_{r,n}-1}\big[\delta(u,x)\big]^{r-1},$$

这里 $c_1(x)$ 是一个正则化常数，且

$$\Psi(u,x) = (1-u)^{\gamma_{r^*,n^*}-\gamma_{r,n}}\big[\delta(u,x)\big]^{r^*-r}.$$

容易验证 $\delta(u,x)$ 关于 $u \in (0,1)$ 单调递增，关于 $x$ 单调递减。对于任意 $x_2 > x_1$，

$$\frac{h_1(u \mid x_2)}{h_1(u \mid x_1)} \propto \frac{\delta(u \mid x_2)}{\delta(u \mid x_1)}$$

关于 $u \in (0,1)$ 单调递减，这意味着 $H(\cdot \mid x_1) \geq_{\mathrm{st}} H(\cdot \mid x_2)$。

（i）注意到

$$\frac{\lambda_{Xr,n,m,k}(x)}{\lambda_{Xr+1,n,m,k}(x)} = \mathbb{E}_x\big[\Psi_1(U,x)\big]$$

其中 $\Psi_1(u,x) = (1-u)^{-(m+1)}\delta(u,x)$ 关于 $x$ 单调递减，关于 $u \in (0,1)$ 单调递增。再利用引理 3.2.1 (ii)，即可得到 $\mathbb{E}_x[\Psi_1(U,x)]$ 关于 $x$ 单调递减。

(ii) 因为

$$\frac{\lambda_{X_{(r,n,m,k)}}(x)}{\lambda_{X_{(r,n+1,m,k)}}(x)} = \mathbb{E}_x[\Psi_2(U,x)]$$

其中 $\Psi_2(U,x) = (1-u)^{m+1}$ 在 $m < -1$ 时关于 $u$ 单调递增，在 $m \geq -1$ 时关于 $u$ 单调递减。利用引理 3.2.1，得到当 $m < -1$ 时，关于 $u$ 单调递减；当 $m \geq -1$ 时，$\mathbb{E}_x[\Psi_2(U,x)]$ 关于 $x$ 单调递增。

(iii) 注意到

$$\frac{\lambda_{X_{(r,n,m,k)}}(x)}{\lambda_{X_{(r+1,n+1,m,k)}}(x)} = \mathbb{E}_x[\Psi_3(U,x)]$$

其中 $\Psi_3(U,x) = \delta(u,x)$ 关于 $x$ 单调递减，关于 $u \in (0,1)$ 单调递增。因此，由引理 3.2.1，$\mathbb{E}_x[\Psi_3(U,x)]$ 关于 $x$ 单调递减。该定理证毕。

(四) 一个应用

最后，我们以一个在可靠性理论中扮演着重要的角色的 IUPL（increasing uncertainty in past time）寿命类结束本章。

寿命类 IUPL 在可靠性分析中有很重要的作用．记系统的寿命为随机变量 $X$，假定已知 $x \leq t$，对于 $X$ 的分布的不确定性的度量，我们定义 $X$ 在 $t$ 时刻的过去熵如下：

$$\overline{H}(X;t) = -\frac{1}{F(t)}\int_0^t f(x)\ln\left(\frac{f(x)}{F(t)}\right)dx$$
$$= 1 - \frac{1}{F(t)}\int_0^t f(x)\ln\eta(x)dx.$$

值得注意的是，当 $t \to \infty$ 时，$\overline{H}(X;t)$ 就是著名的 Shannon 熵（Shannon，1948）：

$$H(X) = \mathbb{E}\left[-\ln f(X)\right] = -\int_0^\infty f(x)\ln\eta(x)dx$$

若 $\overline{H}(X;t)$ 关于 $t$ 单调递增，那么 $X$ 被称为 IUPL。

Kundu，et al.（2009）研究了有关次序统计量 IUPL 类的一些性质，他们给出了一个有趣的结论：

**引理** 3.2.3.（Kundu，et al.，2009）假设绝对连续的非负随机变量 $X$ 和 $Y$ 的密度函数，反向失效率函数和分布函数分别为 $f$ 和 $g$，$\eta_F$ 和 $\eta_G$，$F$ 和 $G$，满足 $\lim\limits_{t\to\infty} G(t)/F(t)$ 有限。

设 $\theta(t)$ 为非负递减函数使得

$$\eta_G(t) = \theta(t)\eta_F(t), t \geq 0, 0 \leq \theta(t) \leq 1。$$

若 $X$ 是 IUPL，则 $Y$ 也是 IUPL。

利用这个引理，我们不加证明地得到下面这个推论：

**推论 3.2.3.** 若 $X_{(r,n,m,k)}$ 是 IUPL，且 $m \geq 0, \gamma_{r,n} \geq 1$，则

(i) $X_{(r,n+1,m,k)}$ 是 IUPL；

(ii) $X_{(r,n,m,k+1)}$ 是 IUPL。

## 三、两样本广义次序统计量的条件随机比较

在这一节，我们主要研究在两样本情形下，当参数 $m_i$ 各不相同时，条件广义次序统计量在通常随机序和似然比序意义下的随机比较。为了不引起混淆，本章中，我们记 $\{X_{(i,n,m,k)}, i = 1, \dots, n\}$ 为参数 $m_i$ 相同时的广义次序统计量，且令 $\tilde{m} = m$。而当参数 $m_i$ 各不相同时，记作 $\{X_{(i,n,\tilde{m},k)}, i = 1, \dots, n\}$。

## （一）引言

本节的主要结论推广并加强了 Hu et al.（2007）中建

立的结果。Hu et al.（2007）证明了：

• 如果参数 $m \geq -1, k > 0$ 且 $F \leq_{hr} G$，则对 $y \in R, 1 \leq r < s \leq n$，有

$$[X_{(s,n,m,k)} - y \mid X_{(r,n,m,k)} > y]$$
$$\leq_{st} [Y_{(s,n,m,k)} - y \mid Y_{(r,n,m,k)} > y] \tag{3.3.1}$$

• 若当 $m \leq 0$ 时，

$$F \leq_{hr} G, \ k \geq 0 \tag{3.3.2}$$

• 若当 $-1 \leq m < 0$ 时，

$$F \leq_{hr} G, \ k > 0;$$

且 $\lambda_G(x)/\lambda_F(X)$ 关于 $x$ 单调递增， $\tag{3.3.3}$

则对于 $y \in \Re, s = r + 1$，有

$$[X_{(s,n,m,k)} - y \mid X_{(r,n,m,k)} > y]$$
$$\leq_{lr} [Y_{(s,n,m,k)} - y \mid Y_{(r,n,m,k)} > y] \tag{3.3.4}$$

Zhao & Balakrishnan（2008）研究了在相同条件下（3.3.1）关于失效率序的结果。他们也证明了，在条件（3.3.2）或（3.3.3）下，（3.3.4）可以被推广到更一般的

情形：$1 \leq r < s \leq n$。

本节的主要目的是对于广义次序统计量 $\{X_{(i,n,\widetilde{m},k)}, i = 1, \cdots, n\}$ 和 $\{Y_{(i,n,\widetilde{m},k)}, i = 1, \cdots, n\}$，当它们的参数 $m_i$ 各不相同，且 $1 \leq r < s \leq n$ 时，建立与（3.3.1），（3.3.4）相应的结果。本节的主要结论扩展了 Hu et al.（2007）和 Zhao & Balakrishnan（2008）中的工作。本节安排如下：第（三）部分将给出主要的结果和证明，证明时需用到的几个引理将在第（二）部分给出，第（四）部分结束本章。

（二）几个有用的引理

本部分的引理对于推导本章的主要结论是非常重要的，前两个引理分别来自 Belzunce et al.（2005）中的定理 3.6 和 3.9，以及多维似然比序对边际的封闭性质（参见 Shaked & Shathikumar，2007，节 6.E）。

引理 3.3.1. 设 $\{X_{(i,n,\widetilde{m},k)}, i = 1, \cdots, n\}$ 和 $\{Y_{(i,n,\widetilde{m},k)}, i = 1, \cdots, n\}$ 是分别建立在连续的分布函数 $F$ 和 $G$ 之上的广义次序统计量。$F$ 和 $G$ 的失效率函数分别记作 $\lambda_F(x)$ 和 $\lambda_G(x)$。若下面两个假设之一成立：

假设 A　　$F \leq_{\mathrm{lr}} G, k \geq 1$ 且对每个 $i, m_i \geq 0$；

假设 B　　$F \leq_{\mathrm{hr}} G, \lambda_G(x)/\lambda_F(x)$ 关于 $x$ 单调递增，$k > 0$ 且对每个 $i, m_i \geq -1$，

则对任意 $1 \leq r < s \leq n$，

$$(X_{(r,n,\widetilde{m},k)}, X_{(s,n,\widetilde{m},k)}) \leq_{\mathrm{lr}} (Y_{(r,n,\widetilde{m},k)}, Y_{(s,n,\widetilde{m},k)}).$$

需要说明的是，若 $F \leq_{\mathrm{hr}} G$，且 $\lambda_G(x)/\lambda_F(x)$ 单调递增，则 $F \leq_{\mathrm{lr}} G$ [参见 Belzunce et al.（2001b），引理 3.5]。

**引理** 3.3.2. 令 $\{X_{(i,n,\widetilde{m}',k)}, i = 1, \cdots, n\}$ 和 $\{X_{(i,n,\widetilde{m},k)}, i = 1, \cdots, n\}$ 是都基于绝对连续的分布函数 $F$ 的广义次序统计量，这里对每个 $i, k' \geq k, m_i' \geq m_i$，其中 $\widetilde{m} = (m_1, \cdots, m_{n-1})$，$\widetilde{m} = (m_1', \cdots, m_{n-1}')$。则

$$(X_{r,n,\widetilde{m}',k'}, X_{(s,n,\widetilde{m}',k')}) \leq_{\mathrm{lr}} (X_{r,n,\widetilde{m},k}, X_{(s,n,\widetilde{m},k)}),$$

其中 $1 \leq r < s \leq n$。

接下来这个引理来自 Xie & Hu（2008）。

**引理** 3.3.3. （Xie & Hu, 2008）令 $\{X_{(i,n,\widetilde{m},k)}, i = 1, \cdots, n\}$ 是基于分布函数 $F$ 的广义次序统计量。对于每个 $i, 0 \leq i < n$，记 $\widetilde{\mu}_i = (m_{i+1}, \cdots, m_{n-1})$，那么

$$\{X_{(s-i,n-i,\widetilde{\mu}_i,k)}^y, s = i+1, \cdots, n\}$$
$$\overset{\mathrm{st}}{=} \{[X_{(s,n,\widetilde{m},k)} - y \mid X_{(i,n,\widetilde{m},k)} = y], s = i+1, \cdots, n\},$$

其中 $X_{(i,n,\widetilde{m},k)} = -\infty$，$X_{(s-i,n-i,u_{\widetilde{\imath}},k)}^y$ 是基于分布函数 $F_y$ 的第 $(s-i)$ 个次序统计量，其中

$$F_y(x) = 1 - \frac{\overline{F}(\max\{y, y+x\})}{\overline{F}(y)}, \qquad x \in \mathfrak{R}.$$

（三）似然比序

**定理 3.3.1.** 设 $\{X_{(i,n,\tilde{m},k)}, i = 1, \dots, n\}$ 和 $\{Y_{(i,n,\tilde{m},k)}, i = 1, \dots, n\}$ 是分别基于绝对连续的分布函数 $F$ 和 $G$ 之上的广义次序统计量，则在引理 3.3.1 的假设 A 或 B 下，我们有

$$[X_{(s,n,\tilde{m},k)} - y \mid X_{(r,n,\tilde{m},k)} > y]$$
$$\leq_{\mathrm{lr}} [Y_{(s,n,\tilde{m},k)} - y \mid Y_{(r,n,\tilde{m},k)} > y], \forall y \in \Re,$$

$$(3.3.5)$$

其中 $1 \leq r < s \leq n$。

**证明：** 当 $r = s$ 时，由引理 3.3.1 或 Belzunce et al. (2005) 中的推论 3.7，成立 $X_{(r,n,\tilde{m},k)} \leq_{\mathrm{lr}} Y_{(r,n,\tilde{m},k)}$，该式蕴含了（3.3.5）。接下来，我们考虑 $1 \leq r < s \leq n$ 的情形。

对于任意的 $y \in \Re$ 和 $1 \leq r < s \leq n$，设 $[X_{(s,n,\tilde{m},k)} - y \mid X_{(r,n,\tilde{m},k)} > y]$ 的条件密度函数为 $h^{X}_{r,s,k}(x)$，则

$$h^{X}_{r,s,k}(x) =$$
$$\frac{1}{P[X_{(r,n,\tilde{m},k)} > y]} \int_{y}^{\infty} f_{X_{(r,n,\tilde{m},k)}, X_{(s,n,m,k)}}(u, x + y) du,$$

$$x \in \Re_{+}, (3.3.6)$$

其中 $f_{X_{(r,n,\tilde{m},k)}, X_{(s,n,\tilde{m},k)}}(\cdot, \cdot)$ 是 $(X_{(r,n,\tilde{m},k)}, X_{(s,n,\tilde{m},k)})$ 的联合密度函数。类似地，$[Y_{(s,n,\tilde{m},k)} - y \mid Y_{(r,n,\tilde{m},k)} > y]$ 的条件密度函数为 $h^{Y}_{r,s,k}(x)$，

$$h_{r,s,k}^{Y}(x) = \frac{1}{P[Y_{(r,n,\widetilde{m},k)} > y]} \int_y^\infty g_{Y_{(r,n,\widetilde{m},k)},Y_{(s,n,\widetilde{m},k)}}(u,x+y)\,du,$$

$$x \in \Re_+, (3.3.7)$$

其中 $g_{Y_{r,n,\widetilde{m},k},Y_{s,n,\widetilde{m},k}}(\cdot,\cdot)$ 是 $(Y_{(r,n,\widetilde{m},k)},Y_{(s,n,\widetilde{m},k)})$ 的联合密度函数。欲证明（3.3.5），只要证明

$$\Delta(\theta) \equiv \frac{h_{r,s,k}^{Y}(\theta)}{h_{r,s,k}^{X}(\theta)} \text{ 关于 } \theta \in \Re_+ \text{ 单调递增。}$$

由（3.3.6）和（3.3.7），我们得到

$$\Delta(\theta) \propto \frac{\int_y^\infty g_{Y_{(r,n,m,k)},Y_{(s,n,m,k)}}(u,\theta+y)\,du}{\int_y^\infty f_{x_{(r,n,m,k)},x_{(s,n,m,k)}}(u,\theta+y)\,du} = \mathbb{E}_\theta[\Psi(U,\theta)],$$

$$(3.3.8)$$

其中，当 $u \leqslant \theta + y$ 时，

$$\Psi(u,\theta) = \frac{g_{Y_{(r,n,\widetilde{m},k)},Y_{(s,n,\widetilde{m},k)}}(u,\theta+y)}{f_{X_{(r,n,\widetilde{m},k)},X_{(s,n,\widetilde{m},k)}}(u,\theta+y)},$$

当 $u > \theta + y$ 时，$\Psi(u,\theta) = \Psi(\theta+y,\theta)$。随机变量 $U$ 的分布函数属于分布族 $P = \{H(\cdot\mid\theta),\theta \in \Re_+\}$，该分布族的密度函数满足

$$h(u\mid\theta) = d(\theta)f_{X_{(r,n,\widetilde{m},k)},X_{(s,n,\widetilde{m},k)}}(u,\theta+y)\cdot 1_{(y,+\infty)}(u).$$

这里 $d(\theta)$ 是一个正则化常数,$1_D$ 是集合 $D$ 的示性函数。根据引理 3.3.1,我们有

$$(X_{(r,n,\widetilde{m},k)},X_{(s,n,\widetilde{m},k)}) \leq_{\text{lr}} (Y_{(r,n,\widetilde{m},k)},Y_{(s,n,\widetilde{m},k)}).$$

由多维似然比序的定义,得到 $\Psi(u,\theta)$ 关于 $(u,\theta) \in \mathfrak{R}^2$ 单调递增。另一方面,利用引理 3.3.2,我们得到下式

$$(X_{(r,n,\widetilde{m},k)},X_{(s,n,\widetilde{m},k)}) \leq_{\text{lr}} (X_{(r,n,\widetilde{m},k)},X_{(s,n,\widetilde{m},k)}).$$

或者,等价地,$f_{X_{(r,n,m,k)}X_{(s,n,m,k)}}(u,v)$ 关于 $(u,v) \in \mathfrak{R}^2$ 是 $\text{TP}_2$[关于 $\text{TP}_2$ 的更详细的讨论,请参见 Karlin (1968)]。这也就是说,$h(u \mid \theta)$ 关于 $(u,\theta) \in \mathfrak{R} \times \mathfrak{R}_+$ 是 $\text{TP}_2$;即

$$H(\cdot \mid \theta_1) \leq_{\text{lr}} H(\cdot \mid \theta_2),\theta < \theta_1 < \theta_2.$$

因此,将引理 3.2.1 用在 (3.3.8) 中,即可得到 $\Delta\theta$ 关于 $\theta \in \mathfrak{R}_+$ 单调递增。该定理证毕。

Hu et al. (2007) 对于 $s = r+1$ 和 $m_1 = \cdots = m_{n-1} = m$ 的情形,得到了定理 3.3.1 中的结果;Zhao & Balakrishnan (2008) 对于 $1 \leq r < s \leq n$ 和 $m_1 = \cdots = m_{n-1} = m$ 的情形证明了定理 3.3.1。

如果我们在定理 3.3.1 的证明中利用引理 3.3.2,就会

得到下面的结论：

**定理 3.3.2.** 令 $\{X_{(i,n,\widetilde{m}',k'),i=1,\dots,n}\}$ 和 $\{X_{(i,n,\widetilde{m},k),i=1,\dots,n}\}$ 分别是两个基于绝对连续的分布函数 $F$ 的广义次序统计量，其中 $k' \geq k, m'_i \geq m_i, \forall i \in \{1,\dots,n\}$，则

$$\left[X_{(s,n,\widetilde{m}',k)} - y \mid X_{r,n,\widetilde{m}',k} > y\right] \leq_{\mathrm{lr}} \left[X_{(s,n,\widetilde{m},k)} - y \mid X_{r,n,\widetilde{m},k} > y\right],$$

其中 $1 \leq r \leq s \leq n, y \in \Re$。

合并定理 3.3.1 与 3.3.2，我们得到下面的推论．这个结果推广了定理 3.3.1.

**推论 3.3.1.** 令 $\{X_{(i,n,\widetilde{m}',k')} i=1,\dots,n\}$ 与 $\{Y_{(i,n,\widetilde{m}',k)}, i=1,\dots,n\}$ 分别是基于绝对连续的分布函数 $F$ 和 $G$ 的广义次序统计量，其中 $k' \geq k$ 且 $m_i' \geq m_i, \forall i \in \{1,\dots,n\}$，那么，在假设 A 或 B 下，有

$$\begin{aligned}
&\left[X_{(s,n,\widetilde{m}',k')} - y \mid X_{(r,n,\widetilde{m},k)} > y\right] \\
&\quad \leq_{\mathrm{lr}} \left[Y_{(s,n,\widetilde{m},k)} - y \mid Y_{(r,n,\widetilde{m},k)} > y\right]
\end{aligned}$$

Zhao & Balakrishnan（2008）在 $m_i = m_i' = m, \forall i \in \{1,\dots,n\}$ 的情况下证明了推论 3.3.1。

（四）通常随机序

在定理 3.3.1 中，如果改为 $F \leqslant_{\mathrm{hr}} G$，那么结果将会由似然比序弱化为通常随机序。

**定理 3.3.3.** 令 $\{X_{(i,n,\widetilde{m},k)}, i = 1, \cdots, n\}$ 和 $\{Y_{(i,n,\widetilde{m},k)}, i = 1, \cdots, n\}$ 分别是基于绝对连续的分布函数 $F$ 和 $G$ 的广义次序统计量，若 $F \leqslant_{\mathrm{hr}} G$，则

$$[X_{(s,n,\widetilde{m},k)} - y \mid X_{(r,n,\widetilde{m},k)} > y]$$
$$\leqslant_{\mathrm{st}} [Y_{(s,n,\widetilde{m},k)} - y \mid Y_{(r,n,\widetilde{m},k)>y}] \qquad (3.3.9)$$

其中 $1 \leqslant r \leqslant s \leqslant n, y \in \Re$。

**证明:** 当时 $r = s$，根据 Hu & Zhuang（2005a）中的定理 3.3，有 $X_{(s,n,\widetilde{m},k)} \leqslant_{\mathrm{hr}} Y_{(s,n,\widetilde{m},k)}$

等价于

$$[X_{(s,n,\widetilde{m},k)} \mid X_{(r,n,\widetilde{m},k)} > y]$$
$$\leqslant_{\mathrm{hr}} [Y_{(r,n,\widetilde{m},k)} \mid Y_{(r,n,\widetilde{m},k)} > y], \forall i \in \Re. \qquad (3.3.10)$$

由此推出（3.3.9）对所有的 $y \in R$ 成立。

设 $X$ 和 $Y$ 为两个随机变量，分布函数分别为 $F$ 和 $G$。对于 $1 \leqslant r \leqslant s \leqslant n$ 的情形，我们利用与 Hu et al.（2007）中

定理 3.1 类似的证明方法。对于每个 $u \in \Re$，令 $X^u_{(s-r,n-r,\tilde{u}_r,k)}$ 表示建立在 $[X-u \mid X > u]$ 的分布函数 $F_u$ 之第 $(s-r)$ 上的第个广义次序统计量。类似的，令 $Y^u_{(s-r,n-r,n-r,\tilde{u}_r,k)}$ 表示基于建立在 $[Y-u \mid Y > u]$ 的分布函数 $G_u$ 之上的第 $(s-r)$ 个广义次序统计量。固定 $y \in \Re$，且定义两个随机变量 $\Theta_1$ 和 $\Theta_2$，使得

$$\Theta_1 \stackrel{\text{st}}{=} \left[ X_{(r,n,\tilde{m},k)} \mid X_{(r,n,\tilde{m},k)} > y \right],$$
$$\Theta_2 \stackrel{\text{st}}{=} \left[ Y_{(r,n,\tilde{m},k)} \mid Y_{(r,n,\tilde{m},k)} > y \right].$$

那么，(3.3.10) 就意味着

$$\Theta_1 \leq_{\text{hr}} \Theta_2. \tag{3.3.11}$$

令 $F_W$ 是随机变量 $W$ 的分布函数，且定义

$$T_1(u) = X^u_{(s-r,n-r,\tilde{u}_r,k)} + u,$$
$$T_2(u) = X^u_{(s-r,n-r,\tilde{u}_r,k)} + u.$$

根据引理 3.3.3，我们得到，对于 $x \in \Re_+$，

$$P\left[ X_{(s,n,\tilde{m},k)} - y > x \mid X_{(r,n,\tilde{m},k)} > y \right]$$
$$= \frac{1}{P\left[ X_{(s,n,\tilde{m},k)} > y \right]}$$

$$\cdot \int_y^\infty P\big[X_{(s,n,\tilde{m},k)} - y > x \mid X_{(s,n,\tilde{m},k)} = u\big] dF_{X(r,n,m,k)}(u)$$

$$= \int_{-\infty}^\infty P\big[T_1(u) > x + y\big] dF_{\Theta_1}(u)$$

$$(3.3.12)$$

同样的,

$$P\big[Y_{(s,n,\tilde{m},k)} - y > x \mid Y_{(r,n,\tilde{m},k)} > y\big]$$
$$= \int_{-\infty}^\infty P\big[T_2(u) > x + y\big]\, dF_{\Theta_2}(u). \qquad (3.3.13)$$

注意到 $F \leq_{hr} G$ 等价于

$$P\big[Y_{(s,n,\tilde{m},k)} - y > x \mid Y_{(r,n,\tilde{m},k)} > y\big]$$
$$= \int_{-\infty}^\infty P\big[T_2(u) > x + y\big]\, dF_{\Theta_2}(u).$$

那么由 Hu & Zhuang (2005a) 中的定理 3.3, 我们得到

$$[X \mid X > u] \leq_{hr} [Y \mid Y > u], \quad \forall\, u \in \Re, \qquad (3.3.14)$$

这里, 我们观察到 $T_1(u)$ 是建立在 $[X \mid X > u]$ 的分布函数之上的第 $s - r$ 个广义次序统计量。利用 Shaked & Shanthikumar (2007) 中的定理 1. B. 20, 有

$$T_1(u) \leq_{\mathrm{hr}} T_2(u), \quad \forall\, u \in \Re.$$

现在，再次利用 Hu & Zhuang（2005a）中的定理 3.3，我们得到

$$[Y|Y > u] \leq_{\mathrm{hr}} [Y|Y > u'], \quad u \leq u'. \qquad (3.3.15)$$

因为失效率序蕴含着通常随机序，我们欲证明的结果就可以从 (3.3.11)－(3.3.15) 得到。该定理证毕。

对于 $m_1 = \cdots = m_{n-1} = m$ 的特殊情形，Hu et al. (2007) 得到 (3.3.9)，且 Zhao & Balakrishnan（2008）在相同的条件，$F \leq_{\mathrm{hr}} G$ 下，建立了 (3.3.9) 在失效率序意义下的结果。对于不同的 $m_i$，(3.3.9) 中的通常随机序是否可以被加强到失效率序，这仍然是一个公开问题。

合并定理 3.3.2 与定理 3.3.3，我们得到如下推论：

**推论 3.3.2.** 令 $\{X_{(i,n,\widetilde{m}',k)}, i = 1, \ldots, n\} \{Y_{(i,n,\widetilde{m},k)}, i = 1, \ldots, n\}$ 分别是基于绝对连续的分布函数 $F$ 和 $G$ 的广义次序统计量，其中 $k' \geq k, m'_i \geq m_i, i = 1, \ldots, n$。若 $F \leq_{\mathrm{hr}} G$，则

$$\big[X_{(s,n,\widetilde{m}',k)} - y \mid X_{r,n,\widetilde{m}',k} > y\big]$$
$$\leq_{\mathrm{st}} \big[Y_{(s,n,\widetilde{m}',k)} - y \mid Y_{r,n,\widetilde{m}',k} > y\big],$$

其中 $1 \leq r \leq s \leq n, y \in \Re$。

**注：**3.3.1. Xie & Hu (2008) 对参数 $(r,s,n,r',s',n',m_i)$ 的条件进行了研究，使得

$$\left[X_{(s,n,\widetilde{m}'_n,k)} - y \mid X_{(r,n,\widetilde{m}'_n,k)} > y\right]$$
$$\leq_{\mathrm{lr}} \left[X_{(s,n,\widetilde{m}'_n,k)} - y \mid Y_{(r,n,\widetilde{m}'_n,k)} > y\right],$$

其中 $1 \leq r \leq s \leq n$ 且 $1 \leq r' \leq s' \leq n'$。合并第(三)部分中的主要定理与 Xie & Hu(2008) 中的结论，对于 $(r,s,n,\widetilde{m},k)$ 与 $(r',s',n',\widetilde{m}',k')$ 不同的集，我们可以获得

$$\left[X_{(s,n,\widetilde{m},k)} - y \mid X_{(r,n,\widetilde{m},k)} > y\right]$$

与

$$\left[X_{(s',n',\widetilde{m}',k')} - y \mid X_{(r',n',\widetilde{m}',k')} > y\right]$$

的在似然比序和通常随机序意义下的结论。通过选择适当的参数 $k, n, \widetilde{m}_n$ 和其他有序随机变量的模型，例如：通常次序统计量、$k$ - 记录值、累进 II 型删失次序统计量等，就可以看为其特殊情形。因此，本章的主要结论可以应用于有序次序统计量的这些特殊的模型中。

# 参考文献

［1］ Arnold，B. C. ，Balakrishnan，N. and Nagaraja，H. N. (1992). *A First Course in Order Statistics*. Wiley，New York.

［2］ Asadi，M. (2006). "On the Mean Past Lifetime of the Components of a Parallel System"，*Journal of Statistical Planning and Inference*，136，1197—1206.

［3］ Asadi，M. and Bairamov，I. (2005). "A Note on the Mean Residual Life Function of A Parallel System"，*Communications in Statistics — Theory and Methods*，34，475—484.

［4］ Genest，C. and Kochar，S. C. (2005). "On Dependence Structure of Order Statistics"，*Journal of Multivariate Analysis*，94，159—171.

［5］ Bairamov，I. ，Ahsanullah，M. and Akhundov I. (2002). "A Residual Life Funtion of a System Having parallel or Series Structures"，*Journal of Statistical Theory and Applications*，1，119—131.

［6］ Balakrishnan，N. and Aggarwala，R. ( 2000 ). *Progressive Censoring*. Birkhauser，Boston.

［7］ Balakrishnan，N. and Cohen，A. C. (1991). *Order Statistics and Inference：Estimation Methods*. Academic Press，Boston.

［8］ Balakarishnan，N. (2007). *Progressive Censoring Methodology：An Appraisal (with Discussions)*. Test 16，211—296.

［9］ Balakrishnan，N. and Rao，C. R. (1998a). *Handbook of Statistics*

16—*Order Statistics*: *Theory and Methods*. Elsevier, New York.

[10] Balakrishnan, N. and Rao, C. R. (1998b). *Handbook of Statistics 17—Order Statistics*: *Applications*. Elsevier, New York.

[11] Balakrishnan, N. and Zhao P. (2013). "Hazard Rate Comparison of Parallel Systems with Heterogeneous Gamma Components", *Journal of Multivariate Analysis*, 113, 153—160.

[12] Barlow, R. E., Bartholomew, D. J., Bremner, J. M. and Brunk, H. D. (1972). *Statistical Inference Under Order Restrictions*. John Wiley & Sons, London, U. K..

[13] Barlow, R. E. and Campo, R. (1975). "Total Time on Test Processes and Applications to Failure Data Analyses", In: *Reliability and Fault Tree Analyses* (Eds. : R. E. Barlow, J. B. Fussell, N. D. Singpurwalla). Society for Industrial and Applied Mathematics, Philadelphia, 451—481.

[14] Barlow, R. E. and Doksum, K. A. (1972). "Isotonic Tests for Convex Ordering", In: *Proceedings of the Sixth Berkeley Symposium on Mathematical Statistics and Probabilit*, University of California Press, Berkeley, 293—323.

[15] Barlow, R. E. and Proschan, F. (1975). *Statistical Theory of Reliability and Life Testing*. Holt, Rinehart, and Winston, New York, NY.

[16] Barlow, R. E. and Proschan, F. (1981). *Statistical Theory of Reliability and Life Testing*. To Begin with, Silver Spring, Maryland.

[17] Belzunce, F. (1999). "On A Characterization of Right Spread Order by the Increasing Convex Order", *Statistics and Probability Letters*, 45, 103—110.

[18] Belzunce, F., Franco, M. and Ruiz, J. M. (1999). "On Aging Properties Based on the Residual Life of k—out—of n Systems", *Probability in the Engineering and Informational Sciences*, 13, 193—199.

[19] Belzunce, F., Franco, M., Ruiz, J. M. and Ruiz, M. C. (2001a). "On the Partial Orderings between Coherent Systems with Different Structures", *Probability in the Engineering and Informational Sciences*, 15, 273—293.

[20] Belzunce, F., Lillo, R. E., Ruiz, J. M. and Shaked, M. (2001b). "Stochastic Comparisons of Nonhomogeneous Processes", *Probability in the Engineering and Informational Sciences*, 15, 199—224.

[21] Belzunce, F., Mercader, J. A. and Ruiz, J. M. (2003). "Multivariate Aging Properties of Epoch Times of Nonhomogeneous Processes", *Journal of Multivariate Analysis*, 84, 335—350.

[22] Belzunce, F., Mercader, J. A. and Ruiz, J. M. (2005). "Stochastic Comparisons of Generalized Order Statistics", *Probability in the Engineering and Informational Sciences*, 19, 99—120.

[23] Belzunce, F., Ruiz, J. M. and Ruiz, M. C. (2003). "Multivariate Properties of Random Vectors of Order Statistics", *Journal of Statistical Planning and Inference*, 115, 413—424.

[24] Bhattacharya, D. and Samaniego, F. (2008). "On the Optimal Allocation of Components within Coherent Systems", *Statistic and Probability* Letters, 78, 938—943.

[25] Block, H. W., Savits, T. H. and Singh, H. (1998). "The Reversed Hazard Rate Function", *Probability in the Engineering and Informational Sciences*, 12, 69—90.

[26] Boland, P. J., El—Neweihi, E. and Proschan, F. (1988). "Active

Redundancy Allocation in Coherent Systems", *Probabilitg in Engineer and Informational Science*, 2, 343—353.

[27] Boland, P. J. , El—Neweihi, E. and Proschan, F. (1991). "Redundancy Importance and Allocation of Spares in Coherent Systems", *Journal of Statistical Planning and Inference*, 29, 55—66.

[28] Boland, P. J. , El—Neweihi, E. and Proschan, F. (1992). "Stochastic Order for Redundancy Allocation in Series and Parallel Systems", *Advances in Applied Probability*, 42, 161—171

[29] Boland, P. J. , El — Neweihi, E. and Proschan, F. (1994). "Applications of the Hazard Rate Ordering in Reliability and Order Statistics", *Journal of Applied Probability*, 31, 180—192.

[30] Boland, P. J. and El—Neweihi, E. (1995). "Component Redundancy vs System Redundancy in the Hazard Rate", *Transactions on Reliability*, 44, 614—619.

[31] Boland, P. J. , Hu, T. , Shaked, M. and Shanthikumar, J. G. ( 2002 ). "Stochastic Ordering of Order Statistics II", *In Modelling Uncertainty: An Examination of Stochastic Theory, Methods and Applications* (Eds. M. Dror, P. L'Ecuyer and F. Szidarovszky), Kluwer, Boston, 607—623.

[32] Boland, P. J. , Shaked, M. and Shanthikumar, J. G. (1998). "Stochastic Ordering of Order Statistics", In *Handbook of Statistics* (Eds. N. Balakrishnan and C. R. Rao), Elsevier, Amsterdam, 16, 89—103.

[33] Boland, P. J. , Proschan, F. and Tong, Y. (1989). "Optimal Arrangement of Components via Pairwise Rearrangements", *Naval Research Logistics*, 36, 807—815.

[34] Cha, J. , Mi J. and Yun, W. (2008). "Modelling A General Standby System and Evaluation of 15 its Performance", *Applied*

*Stochastic Models in Business and Industry*, 24, 159—169.

[35] Chandra, N. K. and Roy, D. (2001). "Some Results on Reversed Hazard Rate", in *Probability in the Engineering and Informational Sciences*, 15, 95—102.

[36] Chateauneuf, A., Cohen, M. and Meilijson, I. (2004). "Four Notions of Mean—preserving Increase in Risk, Risk Attitudes and Applications to the Rank—dependent Expected Utility Model", *Journal of Mathematical Economics*, 40, 547—571.

[37] Coit, D. and Smith, A. (1996). "Reliability Optimization of Series—parallel Systems Using a Genetic Algorithm", *Transactions On Reliability* 45, 254—260.

[38] Cramer, E. and Kamps, U. (2001a). "Sequential k—out—of—n systems", In: Balakrishnan, N., Rao, C. R. ( eds ) *In Handbook of Statistics: Advances in Reliability*, Elsevier, Amsterdam, 20, 301—372 .

[39] Cramer, E. and Kamps, U. (2001b). "On Distributions of Generalized Order Statistics", *Statistics*, 35, 269—280.

[40] Cramer, E., Kamps, U. and Rychlik, T. (2002). "On the Existence of Moments of Generalized Order Statistics", *Statistics and Probability Letters*, 59, 397—404.

[41] Da, G., Zheng, B. & Hu, T. (2012). "On Computing Signatures of Coherent Systems", *Journal of Multivariate Analysis*, 103, 142—150.

[42] David, H. A. (1981). *Order Statistics* (2nd Edition). Wiley, New York.

[43] David, H. A. and Nagaraja, H. N. (2003). *Order Statistics*, 3rd edition, John Wiley & Sons, Hoboken, New Jersey.

[44] Denuit, M., Dhaene, J., Goovaerts, M. J. and Kaas, R.

（2005）. *Actuarial Theory for Dependent Risks*: *Measures*, *Orders and Models*. John Wiley & Sons, Ltd. , West Sussex.

[45] Derman, C. , Lieberman, G. and Ross, S. （1974）. "Assembly of Systems Having Maximum Reliability," *Naval Research Logistics Quarterly*, 21, 1—12.

[46] Derman, C. , Lieberman, G. and Ross, （1981）. "On the Consecutive—2—out—of—n: F system", *IEEE Transactions on Reliability*, 31, 57—63.

[47] Dharmadhikari, S. and Joag—dev, K. （1988）. *Unimodality*, *Convexity and Applications*. Academic Press, New York.

[48] E. Neweihi, E. , Proschan, F. and Sethuraman, J. （1986）. "Optimal Allocation of Components in Parallel—series and Series—parallel Systems", *Journal of Applied Probability*, 23, 770—777.

[49] Eryilmaz S. （2012）. "On the Mean Residual Life of a k—out—of—n: G System with a Single Cold Standby Component", *European Journal of Operational Research*, 222, 273—277.

[50] Fagiuoli, E. , Pellerey, F. and Shaked, M. （1999）. "A Characterization of the Dilation Order and Its Applications", *Statistical Papers*, 40, 393—406.

[51] J. M. , Kochar, S. C. and —, J. （1998）. "Partial Orderings of Distributions Based on Right Spread Functions", *Journal of Applied Probability*, 35, 221—228.

[52] Franco, M. , Ruiz, J. M. and Ruiz, M. C. （2002）. "Stochastic Orderings Between Spacings of Generalized Order Statistics", *Probability in the Engineering and Informational Sciences*, 16, 471—484.

[53] J. and Natvig, B. （1998）. "The Posterior Distribution of the Parameters of Component Lifetimes based on Autopsy Data in A

Shock Model", *Scandinavian Journal of Statistics*, 25, 271—292.

[54] J. and Natvig, B. (2001). "Bayesian Inference based on Partial Monitoring of Components with Applications to Preventive System Maintenance", *Naval Research Logistics*, 48, 551—557.

[55] Ha, C. & Kuo, W. (2005). "Multi—path Approach for Reliability Redundancy Allocation using a Scaling Method", *Journal of Heuristics*, 11, 201—217.

[56] Heieh, Y. (2002). "A Linear Approximation for Redundant Reliability Problems with Multiple Component Choices", *Computers and Industrial Engineering*, 44, 91—103.

[57] Hu, T. (1994). "Statistical Dependence of Multivariate Distributions and Stationary Markov Chains with Applications", PhD Thesi, Department of Mathematics, University of Science and Technology of China.

[58] Hu, T. (1995). "Monotone Coupling and Stochastic Ordering of Order Statistics", *System Science and Mathematical Sciences* (English Series), 8, 209—214.

[59] Hu, T. (1996). "Stochastic comparisons of Order Statistics under Multivariate Imperfect Repair", *Journal of Applied Probability*, 33, 156—163.

[60] Hu, T., Chen, J. and Yao, J. (2006). "Preservation of the Location Independent Risk Order under Convolution", *Insurance: Mathematics & Economics*, 38, 406—412.

[61] Hu, T. and He, F. (2000). "A Note on Comparisons of k—out—of—n Systems with Respect to the Hazard and Reversed Hazard Rate Orders", *Probability in the Engineering and Informational Sciences*, 14, 27—32.

[62] Hu, T., Jin, W. and Khaledi, B. (2007). "Ordering Condition-

al Distributions of Generalized Order Statistics", *Probability in the Engineering and Informational Science*, 21: 401—417.

[63] Hu, T., Li, X., Xu, M., and Zhuang W. (2006). "Some New Results on Ordering Conditional Distributions of Generalized Order Statistics", Technical Report, Department of Statistics and Finance, *University of Science and Technology of China*, Hefei.

[64] Hu, T. and Zhuang, W. (2005a). "A Note on Stochastic Comparisons of Generalized Order Statistics", *Statistics and Probability Letters*, 72, 163—170.

[65] Hu, T. and Zhuang, W. (2005b). "Stochastic Properties of p—Spacings of Generalized Order Statistics", *Probability in the Engineering and Informational Sciences*, 19, 257—276.

[66] Hu, T. and Zhuang, W. (2006). "Stochastic Orderings of p—Spacings of Generalized Order Statistics from Two Samples", *Probability in the Engineering and Informational Sciences*, 20, 465—479.

[67] Hu, T., Zhu, Z. and Wei, Y. (2001). "Likelihood Ratio and Mean Residual Life Orders for Order Statistics of Heterogeneous Random Variables", *Probability in the Engineering and Informational Sciences*, 15, 259—272.

[68] Jewitt, I. (1989). "Choosing between Risky Prospects: the Characterization of Comparative Statics Results, and Location Independent Risk", *Management Science*, 35, 60—70.

[69] Kamps, U. (1995a). *A Concept of Generalized Order Statistics*. Teubner, Stuttgart, Germany.

[70] Kamps, U. (1995b). "A Concept of Generalized Order Statistics", *Journal of Statistical Planning and Inference*, 48, 1—23.

[71] Kamps, U. and Cramer, E. (2001). "On Distribution of Gener-

alized Order Statistics", *Statistics*, 35, 269—280.

[72] Karlin, S. (1968). *Total Positivity*. California, Stanford: Stanford University Press.

[73] Karlin, S., and Rinott. Y. (1980). "Classes of Orderings of Measures and Related Correlation Inequalities. I. Multivariate Totally Positive Distributions", *Journal of Multivariate Analysis*, 10, 467—498.

[74] Keseling, C. (1999). "Conditional Distributions of Generalized Order Statistics and Some Characterizations", *Metrika*, 49, 27—40.

[75] Khaledi, B. E. (2005). "Some New Results on Stochastic Orderings between Generalized Order Statistics", *Journal of Iranian Statistical Society*, 4, 35—49.

[76] Khaledi, B. E. and Kochar, S. C. (2000). "On Dispersive Ordering between Order Statistics in One—sample and Two—sample Problems", *Statistics and Probability Letters* 46, 257—261.

[77] Khaledi, B. E. and Kochar, S. (2005). "Dependence Orderings for Generalized Order Statistics", *Statistics and Probability Letters*, 73, 357—367.

[78] Khaledi, B. and Shaked, M. (2007). "Ordering Conditional Residual Lifetimes of Coherent Systems", *Journal of Statistical Planning and Inference*, 137, 1173—1184.

[79] Khaledi, B. and Shojaei, R. (2007) "On Stochastic Orderings between Residual Record Values", *Statistics and Probability Letters*, 77, 1467—1472.

[80] Kochar, S. C. and K. C. (1997). "Connections among Various Variability Orderings", *Statistics and Probability Letters*, 35, 327—333.

[81] Kochar, S. C, Li, X. and Shaked, M. (2002). "The Total Time

on Test Transform and the Excess Wealth Stochastic Orders of Distributions", *Advances in Applied Probability*, 34, 826—845.

[82] Kochar, S. C. , Li, X. and Xu, M. (2007). "Excess Wealth Order and Sample Spacings", *Statistical Methodology*, 4, 385—392.

[83] Kochar, S. , Mukerjee, H. and Samaniego, F. J. (1999). "The 'Signature' of a Coherent System and its Application to Comparisons among Systems", *Naval Research Logistics*, 46, 507—523.

[84] Kochar, S. and Xu, M. (2007). "Stochastic Comparisons of Parallel Systems When Components have Proportional Hazard Rates", *Probability in Engineering and Information Sciences* 21, 597—609.

[85] Kochar, S. and Xu, M. (2010). "On Residual Lifetimes of k—out—of— n Systems with Nonidentical Components", *Probability in Engineering and Informational Sciences* 24, 109—127.

[86] Korwar R. (2003a). "On Stochastic Orders for the Lifetim of a k—out — of — n system", *Probability in the Engineering and Informational Sciences*, 17, 137—142.

[87] Korwar, R. (2003b). "On the Likelihood Ratio Order for Progressive Type II Censored Order Statistics", *Sankhyā*, 65, 793—798.

[88] Kundu, C. , Nanda, A. K. and Hu, T. (2009). "A Note on Reversed Hazard Rate of Order Statistics and Record Values", *Journal of Statistical Planning and Inference*, 139, 1257—1265.

[89] Kuo, W. and Zuo, M. (2002). *Optimal Reliability Modeling: Principles and App*, New Jersey: John Wiley and Sons.

[90] Langberg, N. A. , Leon, R. V. and Proschan, F. (1980). "Characterizations of Nonparametric Classes of Life Distributions", *The Annal of Probability*, 8, 1163—1170.

[91] Landsberger, M. and Meilijson, I. (1994). "The Generating

Process and an Extension of Jewitt's Location Independent Risk Concept", *Management Science*, 40, 662—669.

[92] Leung, K. N. F., Zhang, Y. L., Lai, K. K. (2011). "Analysis for a to — dissimilar — component Cold Standby Repairable System with Repair Priority", *Reliability Engineering and System Safety*, 96, 1542—1551.

[93] Li, X. and Chen, J. (2004). "Aging Properties of the Residual Life Length of k—out—of—n Systems with Independent but non—identical components", *Applied Stochastic Models in Business and Industry*, 20, 143—153.

[94] Li, X. and Shaked, M. (2004). "The Observed Total Time on Test and the Observed Excess Wealth", *Statistics and Probability Letters*, 68, 247—258.

[95] Li, X. and Shaked, M. (2007). "A General Family of Univariate Stochastic Orders", *Journal of Statistical Planning and Inference*, 137, 3601—3610.

[96] Li, X. and Wang, S. (2003). "Some Closure Properties of the Locationn Independent Riskier Order", *Chinese Journal of Applied Probability and Statistics*, 19, 401—407.

[97] Li, X., Yan, R. and Hu, X. (2011). "On the Allocation of Redundancies in Series and Parallel Systems", *Communications in Statistics — Theory and Methods*. 40, 959—968.

[98] Li, X. and Zhao, P. (2006). "Some Aging Properties of the Residual Life of k—out—of—n Systems", *IEEE Transactions on Reliability*, 55, 535—541.

[99] Li, X. and Zuo, M. J. (2002). "On the Behavior of Some New Aging Properties based upon the Residual Life of k—out—of n Systems", *Journal of Applied Probability*, 39, 426—433.

[100] Li, X. , Zhang, Z. and Y. (2009). "Some New Results involving General Standby Systems", *Applied Stochastic Models in Business and Industry* 25, 632—642.

[101] Li, X. Wu, Y. and Zhang, Z. (2012). "On Allocation of General Standby Redundancy to Series and Parallel Systems", *Communications in Statistics — theory and methods*, 42 (22) : 4056—4069.

[102] Liang, Y. and Chen, Y. (2007). "Redundancy Allocation of Series—Parallel Systems Using a Variable Neighborhood Search Algorithm", *Reliability Engineering and System Safety*, 92, 323—331.

[103] Ma. C. (1998). "Likelihood Ratio Ordering of Order Statistics", *Journal of Statistical Planning and Inference*, 70, 255—261.

[104] Makowski, A. M. (1994). "On an Elementary Characterization of the Increasing Convex Ordering with an Application", *Journal of Applied Probability*, 31, 834—840.

[105] Marshall, A. W. and Olkin, I. (1979). *Inequalities: Theory of Majorization and Its Applications*. Academic Press, New York.

[106] Marshall, A. W. and Olkin, I. (2007). *Life Distributions*. Springer—Verlag, New York.

[107] Meilijson, I. (1981). "Estimation of the Lifetime Distribution of the Parts from Autopsy Statistics of the Machine", *Journal of Applied Probability*, 18, 829—838.

[108] Meng, F. C. (1995). "Some Further Results on Ranking the Importance of System Components", *Reliability Engineering and System Safety* 47, 97—101.

[109] Meng, F. C. (1996). "More on Optimal Allocation of Components in Coherent Systems", *Journal of Applied Probability*, 33, 548—556.

[110] Mi, J. (1999). "Optimal Active Redundancy Allocation in k—out—

of—n system", *Journal of Applied Probability*, 36, 927—933.

[111] Misra, N., Dhariyal, I. & Gupta, N. (2009). "Optimal Alloca-
tion of Active Spares in Series Systems and Comparison of Compo-
nent and System Redundancies", *Journal of Applied Probability*, 46,
19—34.

[112] Misra, N., Misra, A. and Dhariyal, I. (2011). "Active Redun-
dancy Allocation in Series Systems", *Probability in the
Engineering*, 25, 219—235.

[113] Misra, N. and van der Meulen, E. C. (2003). "On Stochastic
Properties of m—Spacings", *Journal of Statistical Planning and
Inferences*, 115, 683—697.

[114] Müller, A. (1996). "Orderings of risks: A Comparative Study via
Stop—loss Transforms", *Insurance: Mathematics and Economics*, 17,
215—222.

[115] Müller, A. (1998). "Comparing Risks with Unbounded Distri-
butions", *Journal of Mathematical Economics*, 30, 229—239.

[116] Müller, A. and Rüschendorf, L. (2001). "On the Optimal Stop-
ping Values Induced by General Dependence Structures", *Journal
of Applied Probability*, 38, 672—684.

[117] Müller, A. and Stoyan, D. (2002). "Comparison Methods for
Stochastic Models and Risks", John Wiley & Sons, Ltd., West
Sussex.

[118] Nakagawa, Y. and Nakashima, K. (1977). "A Heuristic Method
for Determining Optimal Reliability Allocation", *Transactions Ors
Reliability*, 26, 156—161.

[119] Nanda, A. K. and Shaked, M. (2001). "The Hazard Rate and
the Reversed Hazard Rate Orders with Applications to Order Sta-
tistics", *Annals of the Institute of Statistical Mathematics*, 53,

853—864.

[120] Proschan, F. and Sethuraman, J. (1976). "Stochastic Comparison of Order Statistics from Heterogeneous Populations with Applications in Reliability", *Journal of Multivariate Analysis*, 6, 608—616.

[121] Romera, R. , Valdes, J. E. & Zequeira, R. I. (2004). "Active—redundancy Allocation in Systems", *Transactions on Reliability*, 53, 313—318

[122] Scarsini, M. (1994). "Comparing risk and risk aversion", In: *Stochastic Orders and Their Applications* (Eds. : M. Shaked, J. G. Shanthikumar, J. G. ), Academic Press, 351—378.

[123] Sengupta, D. and Nanda, A. K. (1999). "log‐concave and Concave Distributions in Reliability", *Naval Research Logistics*, 46, 419—433.

[124] Shaked, M. and Shanthikumar, J. G. (1992). "Optimal Allocation of Resources to Nodes of Series and Parallel Systems", *Advances in Applied Probability*, 24, 894—914.

[125] Shannon, C. E. (1948). "A mathematical theory of communications", *Bell System Technical Journal*, 27, 379—423; 623—656.

[126] Shaked, M. and Shanthikumar, J. G. (1998). "Two variability orders", *Probability in the Engineering and Informational Sciences*, 12, 1—23.

[127] Shaked, M. and Shanthikumar, J. G. ( 2007 ). *Stochastic Orders*. Springer, New York.

[128] Shen, J. and Xie, W. (1991). "The Effectiveness of Adding Standby Redundancy at System and Component Levels", *Transactions on Reliability*, 40, 51—53.

[129] Singh, H. and Singh, R. S. (1997a). "Optimal Allocation of Re-

sources to Nodes of Series Systems with Respect to Failure—rate Ordering", *Naval Research Logistics*, 44, 147—152.

[130] Singh, H. and Singh, R. S. (1997b). "On Allocation of Spares at Component Level Versus System Level", *Journal of Applied Probability*, 34, 283—287.

[131] Sordo, M. A. (2008). "Characterizations of Classes of Riskmeasures by Dispersive Orders", *Insurance: Mathematics & Economics*, 42, 1028—1034.

[132] Sordo, M. A. (2009). "On the Relationship of Location—independent Riskier Order to the Usual Stochastic Order", *Stochastics and Probability Letters*, 79, 155—157.

[133] Valdes, J. and Zequeira. R. "On the Optimal Allocation of Two Active Redundancies in A two—component Series System", *Operations Research Letters*, 34, 49—52.

[134] Xie, H. and Hu, T. (2008). "Conditional Ordering of Generalized Order Statistics Revisited", *Probability in the Engineering and Informational Sciences*, 22, 333—346.

[135] Zhao, P. and Balakrishnan, N. (2009). "Stochastic Comparisons and Properties of Conditional Generalized Order Statistics", *Jounal of Statistical Planning and Inference*, 139 (9): 2920—2932.

[136] Zhao, P. and Balakrishnan, N. (2008). "Conditional Ordering of k—out—of—n Systems with Independent but Non—identical Components", *Journal of Applied Probability*, 45, 1113—1125.

[137] Zhao, P., Chan, P. S. and Ng, H. K. T. (2012). "Optimal Allocation of Redundancies in Series Systems", *European Journal of Operational Research*, 220, 673—683.

[138] Zhao, P., Li, X. and Balakrishnan, N. (2008). "Conditional Ordering of k—out—of—n Systems with Independent but Non—identi-

cal Components", *Journal of Applied Probability*, 45, 1113—1125.

[139] Zhang Y. L. and Wang G. J. (2007). "A Deteriorating Cold Stand-by Repairable System with Priority in Use", *European Journal of Operational Research* 183, 278—295.